科学与未来
丛 书
第4辑

绿色星球 的神奇生命

lvsexingqiudeshenqishengming

牛乐耕 编著

探寻地球中的神奇生命
解密生命体的奇特之谜
发掘有趣怪诞的生物现象
从贝·鱼到人类——为您讲述

U0255960

知识出版社

图书在版编目（CIP）数据

绿色星球的神奇生命／牛乐耕编著.－北京：知识
出版社，2017.1
　　（科学与未来）
　　ISBN 978-7-5015-9398-9

　　I.①绿…　Ⅱ.①牛…　Ⅲ.①动物－普及读物　Ⅳ.
①Q95-49

中国版本图书馆CIP数据核字（2016）第324828号

责任编辑：裴菲菲　吴　昊
装帧设计：北京华艺创世印刷设计有限公司
出版发行：知识出版社
地　　址：北京阜成门北大街17号
邮　　编：100037
网　　址：http：//www.ecph.com.cn
电　　话：010-88390718
图文制作：北京华艺创世印刷设计有限公司
印　　刷：北京天恒嘉业印刷有限公司
字　　数：120千字
印　　数：1～3000册
印　　张：8
开　　本：720mm×1020mm　　1/16
版　　次：2017年1月第1版
印　　次：2017年1月第1次印刷
书　　号：ISBN 978-7-5015-9398-9
定　　价：29.80元

自序

我今年年近八旬，患有糖尿病、脂肪肝、高血脂和冠心病。曾在首都的阜外心血管病医院做冠脉造影，被诊断为冠状动脉粥样硬化性心脏病，经专家会诊有冠状动脉搭桥手术指征，建议作搭桥手术。后经与主任医师进一步协商，同意改为药物保守治疗。

在上述情况下，本人自京返回衡水，之后并没有在家静养，而是重操旧业，恢复了写作生涯。这个举动首先令家人不解，孩子们说："都奔80岁的人啦，病又那么严重，还写什么'作'呀？"还是老伴理解我，她向孩子们解释："你们不让他写，他心神不宁，吃不下睡不着。还是由着他好，兴许对身体有好处。"是的，我在天山草原与牲畜"为伍"16年，在家乡河北也从事动物学教学工作20载，毕竟对动物有许多切身体会、见解，甚至感情。如果憋在肚子里不写出来，那可真是"吃不下、睡不着"。写出来了才会脑轻松、心舒畅啊！

一个人老了，又有那么多病，除了科学饮食和正常服药外，最好的疗法便是运动。运动并非都以体力进行，脑力运动更是其重要一环，写书便是一项极佳的脑力运动。个人认为，只有体、脑运动进行有机搭配和互补，才能收到更大的疗效。

我每天的运动程序是：除寒冬外，春、夏、秋三个季节天天早晨做1小时健身操；中午午休后，在室内进行10分钟左右的四肢爬行，让水平爬行替代直立运动；下午抽出1小时跳跳广场舞，并与老年朋友聊聊天、唠唠嗑，愉悦身心。脑力运动放在上午和晚间，一般写作3～4小时。

写作这项脑力运动，是对体力运动的轮替和调节。由于脑、体运动的相伴并行，能将血液中的糖、脂、肽、固醇等供能物质进行有效消耗和利用，从而降低血液浓度，并大大减少血液在血管特别是狭窄处和拐弯处的沉积。如果脂和固醇类物质黏附于血管壁或者形成斑块游离于血管当中，就会形成动脉粥样硬化或血栓。沉积和堵塞了脑血管就是脑出血、脑梗死等；沉积和堵塞了冠状动脉就是心血管硬化和冠心病，出现胸闷、心绞痛甚至心肌梗死。本人即属后者，两根冠状动脉血管堵塞了80%，有一根血管竟然堵塞了100%。

经过一年多的具体实践，成效被老伴所言中。本人不但完成了一部书稿，病情亦大为好转。脂肪肝由中度变为轻度再变为没有，甘油三酯由5降为2点多，血糖也接近正常水

平，心绞痛从未发作过。高兴之余，我突发奇想：如果身体不出现变故的话，争取在80岁高龄时再完成一部书稿，以留作自己生命的最后纪念。

这本书的出版，感谢衡水学院领导特别是王守忠院长和生命科学系白丽荣主任的大力支持、帮助和鼓励，感谢中国大百科全书出版社特别是徐世新主任及责编的热忱和专业，使本书图文并茂、亮点纷呈。如果读者朋友在阅读时能够觉得有滋有味的话，作者就更加感到欣慰了。

作为一名高龄的老者，在未来的日子里，我将如同自己的姓名那样，"老牛自知夕阳短，无须扬鞭自奋蹄！"争取做出更大成绩，报效祖国并答谢领导、同志、朋友和社会！

牛乐耕

2016年6月于衡水湖畔

前言

　　"神奇"的生命？究竟有多神奇呢？不探索就不了解，本书就带您来探寻一下吧。全书分列为五个部分，包括贝·鱼、两栖爬行动物、鸟类、哺乳动物及人类。这是一本集趣味与常识、知识与科普于一体的科学读本。其中包含了各种千奇百怪的生物学内容，可以让读者了解更多的生物小知识，同时激发读者爱护动物和保护大自然的意识。主要"神奇"的事物包括：贝类性别常逆转、鱼类的雌雄同体、海洋里的发光生物；有趣的绿毛龟、世界上最毒的动物、巨型食人鳄；濒临灭绝的珍稀鸟类、美丽的相思鸟和太阳鸟、你所不了解的大熊猫、国宝金丝猴；人类内容可谓是作者想法的"荟萃"，既有其自身独特的对社会层面内容的见解，还有新生物技术下的"新鲜事"；等等。此书内容仅代表作者个人的观点。作者本人承诺书中引用的信息均有出处，敬告读者参阅。

目录

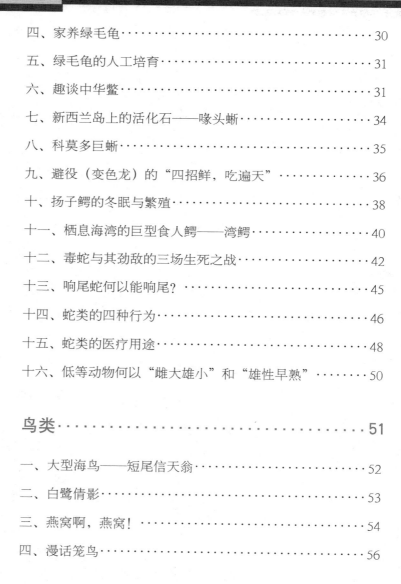

贝·鱼

一、贝类性别常逆转

在雌雄异体种类中，因多数为雌雄同形即两性第二性征不明显，很难根据外形识别雌雄，只有少数种类为雌雄异形即两性第二性征比较鲜明时，可根据外部性征鉴别雌雄。贝类动物中多为雌雄异体，且雌雄同体的种类也相当普遍。

雌雄同体种类在软体动物的无板纲、瓣鳃纲和腹足纲中十分普遍。如无板纲的新月贝科，瓣鳃纲的扇贝、无齿蚌、砗磲等属，腹足纲的后鳃亚纲和肺螺亚纲，它们中的大多数种类具精子和卵子独立并行发育的精卵巢，而前鳃亚纲的笠贝、帽贝、海蜗牛等许多属，均为雌雄同体。

尽管贝类动物区分为雌雄异体和雌雄同体，这种区分并不一定是恒定不变的，雌雄异体的种类可以发生性逆转而互换性别，雌雄同体种类也能因性变而成为雌雄异体。腹足类的帆螺、蚶埚螺和履螺，其性变现象令人瞩目。一个个体在幼年时是雄性，到完全成长时则变为雌性，这是由于精巢和交尾器逐渐萎缩而卵巢则逐渐发育变为雌相的。在这种性变过程中，有渐变的，渐变中有一段时间是疑性的；有突变的，即雄性性状很快为雌性性状所取代。如船蛸，幼龄时都是雄性，但有些个体的精泡中混有卵泡，在第一次性成熟时，完全起雄性作用，以后如环境适宜便很快变为雌性。牡蛎便是雌雄同体种类，但又不是绝对的，部分个体雄性性状（或雌性性状）显得强盛，而雌性性状（或雄性性状）仅显痕迹。个别个体则是单纯的雌性（或雄性），即变成了雌雄异体。褶牡蛎和长牡蛎是雌雄异体种类，但有少数个体是雌雄同体，且它们的性别也是可以互换的。

性变现象何以产生？迄今仍是一个不解之谜。许多学者的意见颇不一致，归纳起来有以下几种：

①水温。根据实验，贻贝的性变与水温有关。在月平均水温为13～20℃

时，雄性个体比例高；当月平均水温升高为20～29℃时，两性比例接近。水温下降时，雄性个体又增高。由此看出，水温低时雄性个体占优势。

②代谢物质。牡蛎的性别有两种相，体内蛋白质代谢旺盛时，雌性相占优势；体内碳水化合物特别是糖原代谢旺盛时，雄性相占优势。

③营养条件。在养殖场做比较实

牡蛎

验，结果发现在环境条件优越时，雌性牡蛎占优势；而在营养条件差时，雄性牡蛎占优势。

④雄性先熟。有学者认为，营养条件不是决定牡蛎性别的因素，而是由于雄性先熟现象所导致。如僧帽牡蛎幼龄时都是雄性，即使在优良的营养条件下也是如此。这是因为幼龄牡蛎的生殖腺都是两性的，它们的性别是倾向于可以变换的状态，但在一般情况下，由于精子形成快，因此在第一次性成熟时常表现为雄性，而在生殖季节过后，又恢复到两性状态。第二年表现出哪一种性状，才由营养条件决定。营养条件优越时，牡蛎长得大而肥，刺激卵原细胞形成和生长，抑制精原细胞形成，结果使雌性牡蛎比率增高。

有学者发现，僧帽牡蛎的外套腔中常有豆蟹寄居，而凡被豆蟹寄居的牡蛎，其雄性个体显著增多，由此说明寄居蟹与其性变有关。

二、贝类繁殖花样多

多板类、瓣鳃类、掘足类和原始履足类，没有交尾器不能交尾，只能靠亲贝排出生殖细胞在海水中受精，或者雄性将精子排入海水，再被雌性吸入体内，从而在鳃腔或输卵管中受精。

头足类雄性有一个或一对特化的茎化腕，借此与雌性交尾。这其中有两种方式，一是茎化腕能自行脱落与雌性交配，二是不能脱落而作为传递生殖产物的媒介器官。金乌贼在交配时有追尾现象，经过一段时间追尾后，雄性首先向雌性发情，向上翘起第一对腕，雌性则将腕撑开呈辐射状，并突出口膜，这时

乌贼

雄性迅速与雌性相对，各自用二、三对腕相互交叉并紧抱对方的头部，最后雄性用左侧第四腕即交接腕上的吸盘钩住从漏斗口排出的成对精荚，迅速送至并粘贴在雌性的口膜上。交配时间长短不一，一般2～15分钟。经过第一次交配后，如果雄性仍不离开雌性，则有连续交配的可能。

短蛸亦有寻偶现象。雄蛸一旦遇到雌蛸，则将其右侧第三腕即交接腕慢慢伸到雌蛸背后，当交接腕的尖端触到雌蛸的外套腔时，随即将交接腕的尖端折回，使呈钩状插入雌蛸的外套腔中，并由吸盘将漏斗口喷出的乳白色粉荚送入雌蛸的外套腔内。全部过程仅有几秒钟。短蛸交配多为配偶成对，但也有两只雄蛸同时与一只雌蛸交配的现象。进行交尾的贝类，精、卵的受精部位多数在外套腔中进行。

雌雄异体的腹足类，生殖时亦需交尾。交尾时，雄性的交接突起即交配器伸入雌性的交接囊中，精子与通过输卵管的卵子在此相遇而完成受精。

雌雄同体的腹足类，多数种类因精、卵不能同时成熟而无法自体受精，所以亦需通过交尾进行异体受精。对于具有两性孔但距离较远的种类，如海兔交尾时，通常由多个个体并列排在一起，第一个个体充当雌性的性角色，最末一个个体充当雄性的性角色，中间的一系列个体充当雄、雌两性的性角色。换

言之，即第二个个体一侧的交配器伸入第一个个体的交接囊中，而另一侧的交接囊则为第三个个体的一侧交配器所插入，依次类推，最末一个个体一侧的交配器伸入倒数第二个个体的交接囊中。具两性孔但距离较远的种类中，也有只由两个个体进行交尾的现象。这样的话，只有一个个体起雄性的性角色，而另一个个体起雌性的性角色。对于只具一个共同生殖孔的种类，如柄眼肺螺交尾时，只能由两个个体进行。这时二者同时起雌雄两性的双重性角色，即彼此互相受精。

雌雄同体的贝类，其中有少数种类能自体受精。如密鳞牡蛎、肺螺类，基眼目的椎实螺、膀胱螺、扁玉螺，柄眼目的拟阿勇蛞蝓、蛞蝓和大眼蜗牛等，自体受精现象相当普遍。自体受精有两种方式：一是同一生殖巢中的卵子与精子移到生殖管时，直接结合受精；二是靠交配器伸入雌性管进行自体交配受精，此方式仅见于椎实螺和扁玉螺。

有的贝类可进行孤雌生殖，即卵子不需要精子参与而能单独发育。据报道，腹足目的拟黑螺就有孤雌生殖现象。

综上所述，贝类繁殖方式千变万化。有不经受精即能孤雌生殖的，有体外受精、体外发育的，有具交尾器而进行体内受精、体外发育的，又有体内受精、体内发育的。可见世间万物，无奇不有。

三、贝类的用途与危害

贝类属于软体动物，与人类的关系非常密切，用途十分广泛，更是近年大众餐桌的常见食品。随着人们生活水平的日趋提高，贝类产品的需求量越来越大，用途也越来越广。现将贝类的用途和危害作一简介。

1.用途

食用　绝大多数贝类都可食用，特别是鲍、红螺、玉螺、牡蛎、扇贝、贻贝、蛤仔、缢蛏、竹蛏、乌贼、柔鱼、枪乌贼等，都是海中珍品。贝类不但肉味鲜美，而且富含蛋白质、无机盐和多种维生素，营养价值极高，已经开展人工养殖的贝类有80余种。海产贝类的全球产量已占世界海洋渔业的1/5，如牡蛎、扇贝和贻贝的世界年产量都超过百万吨。乌贼为我国四大海产之一，在海洋渔业中占有重要地位，淡水产的田螺、螺蛳、河蚌、陆生蜗牛等，食用价值也很高。

贝类除鲜食外，还可干制、腌制和罐藏。如淡菜（贻贝干）、干贝（扇贝的闭壳肌）、蚝豉（牡蛎干）、蛏干、墨鱼干、乌贼蛋（乌贼的缠卵腺）和各种贝类罐头。

药用　许多贝类都可用于中药。例如，鲍的贝壳"石决明"能治疗眼疾；珍贵的贝壳"海巴"能明目解毒；珍珠更为名贵，有清热解毒、镇心安神、止咳化痰和明目止痛等功效；乌贼的内壳"海螵蛸"能治外伤和止血；海兔的卵群是消炎退热的良药；毛蚶的壳"瓦楞子"和肉能治胃病、痰积等。

近年来，国际上利用海洋贝类提取药物有很大进展，例如，从鲍、蛤、牡蛎、泥蚶等某些贝类中提取抗菌、抗病毒和抗肿瘤的药物。我国的科学工作者也在着手进行此项工作。

工业和农业用途　贝壳含大量碳酸钙，是烧制石灰的好材料。我国东部、南部的沿海农村有很多用土法贝壳烧灰窑，为烧制建筑开辟了一条新途径。各种淡水蚌和海产的大马蹄螺等，其贝壳珍珠层较厚，是制造纽扣和珍珠核的原料。马蹄螺、夜光蝾螺的壳粉可混入油漆中作喷漆的调和剂，极为珍贵，并作出口。头足纲二鳃类分泌的墨汁，可用于制造闻名世界的中国墨。

产量大的小型贝类，可制作成家禽饲料和农田肥料。如渤海鸭嘴蛤、蓝蛤等壳薄肉嫩，既可喂猪、喂鸭、养鱼虾，又可作为廉价的海肥。在淡水养殖中，田螺和河蚬也是鱼类的好饵料。

观赏价值　贝类除上述用途外，它们的外在贝壳由于形状独特，花纹美丽，成为惹人喜爱的观赏品。人们利用各种贝壳制作的贝雕，可与木雕、玉雕、牙雕相媲美，深受国内外欢迎，特别是珍珠更是享誉国际市场的珍贵装饰品。值得一提的是，人工育珠的方法是我国人民的一项首创。

2.危害

贝类中，有少数种类对人类有害，如以下几种。

有毒的贝类　某些贝类由于摄食含有毒性的双鞭藻而具毒性。目前所知，有80多种贝类，人吃后会中毒。如骨螺的鳃下腺含骨螺紫毒素，荔枝螺和波纹蛾螺含千里酰胆碱和丙烯酰胆碱毒素，节香螺的唾液及其唾液腺含四胺铬物毒素等。

传染疾病的贝类　淡水和陆生的许多腹足类是人和家畜寄生虫的中间宿主，如日本血吸虫的幼虫寄生在钉螺体内，而肝片吸虫的中间宿主是旋螺、圆扁螺等，肝吸虫的中间宿主是沼螺、豆螺、涵螺及短沟蜷等。这些贝类对人体和家畜都有不同程度的危害。

危害港湾建筑和交通的贝类　船蛆、海笋等贝类是专门穿凿木材或岩石的穴居种类，对海港的木石建筑和木船、木桩危害极大。牡蛎、贻贝等营附着、固着生活型的贝类，由于大量固着于船底，严重影响了船只的航速。

蜗牛

危害农业的贝类　陆生蜗牛、蛞蝓刮食绿色植物叶子，对果树、蔬菜有害；玉螺、红螺是肉食性螺类，能杀害牡蛎和泥蚶，特别对幼贝会造成严重损失，是贝类养殖的大敌；绣凹螺、单齿螺、笠贝、黑指纹海兔等是草食性种类，常吃海带和紫菜幼苗，对藻类养殖有破坏作用。

四、说说贝类养殖

贝类动物由于运动能力微弱，极易捕获，加之肉味鲜美，营养丰富，所以很早以前就为人类所利用。人类社会早期是采食野生贝类，后来转为蓄养，进而采集野生苗进行养成，之后形成了一种产业，贝类养殖便应运而生。贝类分布广泛，陆地、淡水、海洋均有它们的踪迹。

海产贝类开展人工养殖的种类很多，全球的临海国家都有贝类养殖产业。其中，比较发达的国家是日本、美国、韩国、西班牙、墨西哥、加拿大、法国、澳大利亚、新西兰和马来西亚等，以日本、美国产量最高。我国地处太平洋西岸的热带、亚热带和温带地区，气候温和、水质肥沃，贝类资源也非常丰富，加之大陆海岸线长达18000多千米，可提供贝类养殖的海区广阔，生产潜力巨大，成为近年来快速发展的海贝养殖的后起之秀。

海产贝类有三种养殖形式：一是增殖，即对自然繁殖的经济贝类给以人工保护，改善其生长和繁殖条件，达到丰产的目的；二是半人工养殖，即采集自然发生或人工孵化的贝苗，在自然海区中施加各种措施，加速贝类生长，达到增产和优质的目的；三是全人工养殖，即采用人工孵化贝苗，对贝类品种进行完全培育，控制生活条件，提供人工饵料，实现养殖生产的工厂化。

要达到增殖丰产，一要严格限制采捕规格，二要掌握捕捞季节和时间，三要控制捕捞强度，四要防止水质污染，五要防除敌害。与此同时，还要进行人工育苗放流，以维持和扩大贝类的资源量。

根据相关资料，全球养殖的贝类有80余种，它们大都生活在潮间带和水深不超30米的区域，而且是移动性很小营附着、固着、埋栖和穴居的经济种类。位居前三名的是牡蛎、贻贝和扇贝。我国主要有紫贻贝、栉孔扇贝、长牡蛎、褶牡蛎、缢蛏、蛤仔、泥蚶、文蛤、珠母贝、鲍等。

贝类的养殖过程，首先要选择好适宜的养殖海区，然后采集野生苗种或人工繁育贝苗，再次进行养成。养成有几种方式，如水底分散养成、插竹立桩养成（适于固着种类）、垂下式养成（宜用于固着种类）、水池养成、笼网养成

（适于善逃逸种类和珍贵种类）等。最后是育肥、收获和加工。在收获前的增重阶段，将贝类从养成场转移到饵料丰富的育肥场，如河口地带，以达到增产和育肥目的。

淡水养殖种类主要是河蚌和大瓶螺（福寿螺），养殖目的是人工育珠。育珠蚌多采用三角帆蚌和褶纹冠蚌，能培育无核珍珠。大瓶螺是大型食用淡水螺，原产南美洲亚马孙河流域，营养价值很高，在国际市场备受青睐。大瓶螺在京津地区放养三个月，体重可超50克，在南方生长更快。大瓶螺成本低，主要吃植物茎叶，在水沟、水塘、稻田，甚至水缸、水桶均能饲养，具有广阔的发展前景。

亚马孙河

陆生的养殖种类主要是各种蜗牛。畅销国际市场的食用蜗牛主要有三种，即法国蜗牛、非洲蜗牛和庭园蜗牛，年消耗量颇大，如法国的年消耗量高达3.5万吨以上。我国近年来蜗牛养殖业也发展较快，多为外销。蜗牛营养丰富，味道鲜美，备受世界各国人民所欢迎，加之成本低，饲养管理简便，青菜、瓜果皮、麦麸都是蜗牛的优质饲料，饲养设施又非常简单，投资少、见效快，所以世界养蜗牛热的发展前景必将到来。

五、鲇鱼夜捉鼠

老鼠偷鱼吃，许多人都知道，甚至亲眼见过。但反过来鱼能捉老鼠，却是鲜为人知。这里不妨介绍鲇鱼夜捉鼠的精彩画面。

鲇鱼即鲶鱼，隶属于鲤形目。它身体长形，后部侧扁，无鳞；口大，两对须，底栖性肉食鱼类。遍布全国各大水系。

产于我国南部沿海的鲇鱼，白天往往懒洋洋地浮于水面养精蓄锐，夜晚则游到水边的浅滩，将尾露出水面置于岸边，纹丝不动地佯装成一条"死鱼"，静等老鼠前来上钩。而老鼠的生活习性是夜间出来觅食，它顺着阵阵飘来的鱼腥味，很快就寻到了这尾鲇鱼。但老鼠警惕性极高，尽管它对鲇鱼垂涎三尺，但决不贸然行动。经过再三观察、探索，在终于确认这是一条"死鱼"、满以为可以美餐一顿后，贪食成性的老鼠完全利令智昏，殊不知当它一口咬住鲇鱼尾用力拉动时，装死的鲇鱼露出了庐山真面目。此时鲇鱼使出全身之力，将长尾一甩，把老鼠拖入了水中。尽管老鼠也有一点水性，但它哪是鲇鱼的对手。只见老鼠拼死挣扎，想要出水透气呼吸，但鲇鱼就是死死咬住它的脚趾不放。二者之间，一个向上浮，一个往下拉；一会儿浮出水面，一会儿又沉到水底，搏斗的场面精彩奇特，十分壮观。经过几个回合的上下折腾，老鼠终于败下阵来，最后被溺而亡，而鲇鱼则有了一顿丰盛的晚餐。

六、吃人的魔鱼

在南美洲亚马孙河流域，生活着一种肉食性小鱼——彼拉尼亚，印第安语意是锯齿鱼。这种小鱼形似鲳鱼，肚子鼓而扁，背部蓝色，腹面红色，侧面银白色；眼大，较圆呈红色；嘴巴特大，牙齿呈锯齿状，异常尖锐，经常攻击牛、马、鳄鱼，甚至连人也不放过。

魔鱼嗅觉和视力极强，喜欢群居，特别贪食，一遇猎物便成百上千地如箭一般蜂拥而至，哪怕比它们大数十倍的个体也毫不畏惧，直至吃得仅剩下一个骨架。这种肉食性小鱼由于生性残忍，所以当地人称其为"魔鱼"。

长期以来，亚马孙河流域的两岸居民深受其害。人们过河时，一旦被魔鱼包围，便会被魔鱼撕咬得皮肉皆无，仅剩下一具骷髅。据说1962年，一辆客车载着38人，不慎翻入河中，结果全部葬身鱼腹，仅剩下一副副破散的骨架子。据当地土著人讲，魔鱼袭击牛群、马群，时间仅需15分钟，而吃人最多不过5分钟。在巴西的马托格罗索州，一年中被魔鱼吃掉的奶牛有1200多头，而当地渔民或洗衣妇女，被它们咬去手指、脚趾的也大有人在。《亚马孙流域探险记》的作者——美国总统罗斯福称："魔鱼是世界上最恐怖的鱼类之一"。

当地人深知魔鱼的凶残，轻易不敢过河。遇有急事，往往采取"舍卒保帅"之法：过河前，先将畜禽杀死抛进河中，以吸引魔鱼集聚而去，然后趁机抓紧时间涉水过河。

七、拼死识河豚

河豚（又称河鲀），鲀形目鲀科鱼类的泛称。种类多、数量大，颇具渔业意义，常在河口被捕获，由于这些鱼大部分体形似豚（仔猪），又被称为河豚。河豚身体呈卵圆形，背鳍与臀鳍相对，无腹鳍和鳞片；口小，牙齿大呈骨板状。河豚生活于近海中下层水域，是肉食性鱼类，常将空气吞入喉下之气囊中，并肚子朝天地漂浮于水面，借"装死"来迷惑和吓跑敌害。

河豚肉味鲜美，营养丰富，是鱼餐佳肴中的上品，有"不吃河豚焉知鱼，吃了河豚百无味"的传言。每到清明前后，中国和日本，往往都出现抢购河豚的风潮。日本有"不吃河豚枉一生"之说，中国浙、闽沿海则流传着"拼死吃河豚"的民谚。吃河豚，成了

河豚

这些地方的一种饮食文化。有一次，浙江几位商人聚餐，酒过半巡，忽然端来一味河豚，甚感味之鲜美，老板们大嚼不止，竟忘记了谈判内容。席间一位老板站起来感叹说："难怪苏东坡亲口说'拼死吃河豚'，今天我算是领略到家了！"苏东坡是否说过"拼死吃河豚"，我们无从可考，但他喜欢河豚和喜欢吃河豚倒是事实，这里有他的诗为证："竹外桃花两三枝，春江水暖鸭先知，蒌蒿满地芦芽短，正是河豚欲上时。"

人们吃河豚为什么要"拼死"呢？原来野生的河豚是一种剧毒鱼类，其卵巢、精巢、肝脏、肾脏和血液中含有大量毒素，特别是二、三月产卵期内含量最高，连其鱼鳃、皮肤甚至眼球中都有毒。人吃河豚后，会出现神经麻痹，血压降低，呼吸困难，血液循环衰竭，4～6小时便会死亡。这是一种强烈的神经毒素，能迅速引起神经传导障碍而致人丧命。切忌盲目地"拼死吃河豚"。

在吃河豚时，也要注意如下事项。必须选择鲜活的个体，死鱼绝对不能吃，而且要除去卵巢、精巢、内脏、筋血、眼球、鱼鳃和皮肤，并用清水浸泡鱼肉。鱼肉反复清洗干净，经过烧煮换汤再烧煮，高温烧煮两小时后方可食用。也可将洗净的鱼肉洒少量盐水或明矾水，再曝晒风干3～5个月，制成河豚干也行。在日本的餐馆里，从事制作河豚鱼餐的厨师必须经严格培训和操作训练，在获得考试合格证后，方可允许上厨工作。在中国，河豚被"禁"入市已有二十多年，据相关报道，我国已开始"有条件放开养殖河豚生产经营"。

河豚毒还是一种专一性极高的药物。河豚毒素广泛用于神经、心肌、骨骼肌等可兴奋细胞的研究；在药理上，河豚具有镇疼、降压、抗心律不齐等特殊功效。

八、海洋中的"免费旅游者"——鮣鱼

鮣鱼，硬骨鱼系的一种鮣科鱼类。体形延长，最大体长1米；口阔大，下颌突出；背部有两条白色纵纹；但最显著的特征，是又宽又扁的头顶上长着一个卵

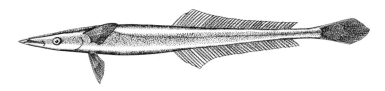

鲫鱼外形

圆形的吸盘，有如图章，故名鲫鱼，也称鲫头鱼。吸盘由其第一背鳍演化而来，结构由两排横板组成，各个横板的后缘游离，只要稍稍竖起即能形成一系列真空室，增加吸盘极强的吸附力，能牢牢地吸住其他物体，即使施加很大力气，也难将其拉开。鲫鱼就凭借这一特点，经常吸附在鲸鱼、鲨鱼、鳐鱼、海龟甚至船底的腹面，不但过着寄生生活，还可以到处遨游，成为一个"免费旅游者"。被吸盘吸附着的寄主动物，既无力摆脱，也难于将它吃掉，只能乖乖地带着鲫鱼到处畅游大海。鲫鱼专选凶狠动物作寄主，因为既能得到有力保护，还能在寄主下方获得更多残羹剩饭充饥。有时到达鱼群聚集之处，鲫鱼还会脱离寄主，去捕食小鱼小虾。吃饱之后，再另选寄主，继续遨游大海。

鲫鱼口馋，经常吸附在渔船底部，抢吃渔民扔下的残食。渔民则以食饵钓它上来炖汤。其肉味细嫩鲜美，有强身滋补之效。

渔民特别是非洲马尔加什的渔民，经常利用鲫鱼的吸附特点来捕捉大鱼和海龟，他们在鲫鱼尾部拴上绳子，将其放进水里，等它吸住鱼体后，再把绳子连同吸住的鱼一起拉上来。所以鲫鱼成了渔民的得力"猎手"，有时竟能猎到30～90千克的大鱼。

鲫鱼分布于热带和温带海洋，我国沿海均产。鲫鱼的近缘种有白短鲫和短鳍。

九、两种毒鱼——赤魟与鬼鲉

赤魟是鳐目中的一种软骨鱼类，主要分布于热带和亚热带海域，我国东海、南海有产，能溯河至广西南宁，在淡水中生活。因数量较大，具有渔业发展意义。赤魟体形为亚圆形，体盘介于圆形与菱形之间。见过赤魟的人都知道，在其鞭状长尾的基部斜竖着一根毒棘，长度为5～30厘米不等。这根毒棘坚硬如铁，能像箭一般贯穿铠甲。毒棘具沟，连接着后部的毒腺，毒腺内具白色毒液。若毒棘刺入树根，能使树木枯萎。人若不慎踩到赤魟时，它立即举起尾部将毒棘刺入人体，毒液便沿着毒钩注入伤口，使人疼痛难忍。轻则晕倒，数分钟不省人事；重则严重痉挛死亡。由于毒棘两侧有锯齿状倒钩，致使伤口巨大。伤者剧痛时间可达6～48小时，并出现虚弱无力、恶心、不安等症状，必须急送医院治疗。

鬼鲉是硬骨鱼类的鲉科种类，其背鳍棘和臀鳍棘都是毒棘，短粗的棘上端1/3处明显变粗，这便是它的毒腺部位。鬼鲉的毒液毒性如蝎，故称海蝎子。鬼鲉形象丑陋，面目可憎，但颜色鲜艳，且能随环境而变化，这既是对环境的适应，又是一种伪装。

鬼鲉栖居于潮间带至90米深的浅水海湾或近岸处，不甚活泼。当它潜伏于岩石缝隙、珊瑚礁和海藻中时，就如同一块岩石或一簇藻类植物一样，不大引人注意。通常当人们踩、摸鬼鲉而被刺伤后才会发现它。如果把鬼鲉从水里捞出来，它便立即将背鳍棘高高竖起，张开带棘的鳃盖，并展开胸鳍、腹鳍和臀鳍，样子十分吓人。鬼鲉的毒性剧烈，人一旦被刺伤，会引起晕厥、发烧、剧

赤魟

烈呕吐并产生幻觉，严重的会导致血压降低、呼吸抑制、心脏衰竭，于3～24小时内死亡。不过，鲉科鱼类的毒素对温度比较敏感，在高温条件下很容易被破坏。所以若是被伤，一个简便易行的急救办法，就将伤口置于45℃以上的热水中浸泡1个小时左右，便能使疼痛得到缓解，然后送医院治疗。

十、软骨鱼和硬骨鱼的基本区别

鱼类按照骨骼的形成和结构被区分为两大鱼系，即软骨鱼系和硬骨鱼系。硬骨鱼的骨骼很硬，但软骨鱼的骨骼并非很软，因有钙质沉淀，软骨鱼的骨骼也是很硬的。除骨骼特质不同外，两大鱼系的其他基本区别如下。

①外形。软骨鱼系中，鲨鱼为长纺锤形，鳐鱼为平扁形。它们的口均在头之腹面，但鳃孔不同：鲨鱼在头之侧面，鳐鱼在头之腹面。软骨鱼的鳃间隔十分发达，呈板状，故又称板鳃鱼类。它们的尾椎骨末端因上翘而将尾分成上下、大小不等的两叶，所以属歪尾型。硬骨鱼系身体也多为纺锤形，亦有侧扁、平扁和棍棒状者。口都在头之前端，鳃间隔退化，鳃被鳃盖掩盖起来，因此通过鳃裂的水流只能从鳃盖后方的裂口处流走。硬骨鱼的尾多为正尾型，即尾椎骨末端不上翘而将尾分成上下、大小相等的两叶。

②鳞片。软骨鱼的鳞片，由表皮和真皮共同衍生而来，称为楯鳞。构造如同人类的牙齿，即外层为釉质，源于表皮；内层为齿质，源于真皮；中央为髓腔。所以楯鳞又称皮齿。楯鳞的棘刺略斜向后方伸出体表，有如钢锉，所以鲨鱼全身布满了"牙齿"，如果有人在其身边擦过，往往会蹭掉一层皮。硬骨鱼身上的鳞片是骨鳞，来源于真皮，故又称真皮鳞。骨鳞前端插于真皮，后端游离，呈覆瓦状排列。这种排列易于身体弯曲，但也容易为外物损伤而脱落。骨鳞又分两类，鳞片后端的游离面为光滑者称圆鳞，如鲤形目鱼类；鳞片后端游离面为锯齿状者称栉鳞，如鲈形目鱼类。鱼类学家认为，圆鳞是进化原始的表现，栉鳞则是进化高等的象征。

③鳔的有无。硬骨鱼大都有鳔，但软骨鱼绝对无鳔。鳔的作用除少数鱼类如肺鱼具呼吸功能外，一般硬骨鱼的鳔都是主司浮沉的平衡器官，即通过鳔之胀缩以气体调节鱼体比重，从而使鱼上浮、下沉或停于某一水层之中。由于鳔之胀缩进行气体调节需要一个时间过程，必然因耽搁时间而大大影响游速。这就是有鳔的硬骨鱼游速缓慢的原因，也是无鳔的软骨鱼如鲨鱼游行快速的关键因素。

④生殖方式。软骨鱼均行体内受精，雄性都有交配器——鳍脚。雌雄两性交配时，以鲨鱼为例，雌鲨静止不动，雄鲨将其缠绕，以鳍脚插入雌鲨的泄殖腔中，将精子输入其输卵管内。体内受精后，少数种类将受精卵产出体外，进行体外发育，这就是卵生。而多数种类并不将受精卵产出体外，而是留在子宫中进行体内发育，这就是

鲨鱼

卵胎生或胎生。卵胎生是指受精卵在体内发育时，其所需营养仅仅来自卵黄本身，与母体并不发生任何营养联系；胎生是指胚胎的所需营养不仅来自卵黄，还来自母体，即通过"卵黄囊胎盘"从母体血液中汲取营养。这种胎生与哺乳类和人类借胎盘获取营养和进行呼吸、排泄的胎生，有本质上的区别。软骨鱼由于生殖方式优越，致使其产卵量大为下降，鲨鱼每产仅为一至几枚而已。硬骨鱼多为体外受精、体外发育，即它们大多数都为卵生方式。在严酷的自然条件下，其仔鱼的成活率非常低，只有以大量产卵来进行补偿，否则便有灭绝种族的危险。所以硬骨鱼的产卵量高得惊人，世界上现存最大的硬骨鱼——翻车鱼每次产卵量竟高达3亿粒！

十一、鱼类的四种繁殖方式

某些硬骨鱼中，如鮨、鲷、鳕、鲐科的个别个体，体内既有卵巢，又具精巢。这种现象称雌雄同体。雌雄同体鱼中的绝大多数由于精、卵不能同时成熟，所以不能进行自体受精。在生殖季节，卵巢先成熟的个体，就沦为暂时的雌性；精巢先成熟的个体，就沦为暂时的雄性；以后又反过来，分别沦为暂时的雄性和雌性。因此，它们只能轮流担当雌雄来行异体受精。只有鮨属中的海鲈是永久性的雌雄同体，并能进行自体受精。穴居在我国池沼、稻田中的黄鳝，虽属雌雄异体，但它们第一次达到性成熟时，皆为雌性，只能产生卵子。待产卵过后，卵巢逐渐变为精巢，能育出精子，变为雄性，而且不再逆转，终生为雄性。黄鳝生殖时，只能"老夫"配"少妻"，年龄上无法"般配"。

上述现象仅属个别，就一般鱼类而言，都是雌雄异体，行异体受精。鱼类的性成熟年龄，一般4～5年，但不同种类往往差异悬殊，如鲟8～10年、鳇16～17年，香鱼及某些虾虎鱼不到1年，鳉形目只有3～4个月。性成熟的鱼类，其神圣"事业"就是传宗接代，繁荣种族。鱼类为此而"捐躯牺牲"者不在少数，如大麻哈鱼和鳗鲡生殖过后即死亡。那么鱼类的受精、发育又是如何进行的呢？虽然它们变化多端千差万别，但归纳起来，不外如下四种方式。

①体外受精，体外发育。绝大多数硬骨鱼都属这种方式，但板鳃鱼类中仅有格林陵鲨属此。每到生殖季节，这些鱼类往往聚集成群，沿着固定路线、方向，浩浩荡荡进行生殖洄游。到达产卵场后，雌鱼在前面嬉游，雄鱼在后面追逐或者换上"婚姻装"，来刺激雌鱼。两性在嬉游追逐中，雌鱼产卵，雄鱼排精，卵子受精后在体外发育。但这种繁殖方式中，亲鱼有两种截然不同的行为表现，受精卵也因此面临两种命运。多数亲鱼在产卵、排精过后，便大功告成。对卵子能否受精，受精卵能否孵化，幼鱼能否成活，它们都无动于衷，弃之而去。至于受精卵的"前途""命运"，只好任凭"上帝"安排。一百万粒的鳕鱼卵，能有一尾幼鱼达到性成熟就算不错了。这种极低成活率的严酷现实，并没有使这些鱼类绝种。相反，它们却是繁荣昌盛，经久不衰。这关键的

"一招"，便是以惊人的产卵量进行了补偿，如鲤鱼每产10万～50万粒、草鱼每产40万粒、鲢鱼每产50万粒、鲐鱼每产70万粒、鳕鱼每产250万～1000万粒、翻车鱼每产竟高达3亿粒。体腔容纳如此众多的卵粒，需以大个躯体作后盾，这就是鱼类中雌大雄小而异于鸟、兽中雌小雄大的重要原因。有少数鱼类，雌雄大小悬殊惊人，如康吉鳗雌鱼重45千克，雄鱼却不到1.5千克，前者是后者的30倍。

少数鱼类在产卵、排精过后，对卵的受精、孵化关心备至，表现出了种种保卵护幼的行为。乌鳢在产卵前，以水草造成浮巢漂浮水面，雌、雄鱼在内产卵、排精，雄鱼还在巢旁严加守护，直到幼鱼出世，还不肯离去。斗鱼的雄鱼，能从口中吹沫成巢，雌、雄鱼在内产卵、排精后，雄鱼在巢旁站岗放哨，表现得忠于职守。刺鱼的雄鱼，生殖时披上艳丽红装，造巢本领更加奇妙。雄鱼以肾脏分泌物黏合水草造巢，形如圆球，前后两端具口。雄鱼将雌鱼诱入巢内产卵，自己再给卵子受精。然后一面守护，一面以胸鳍拨动水流，给受精卵创造良好的气体孵化条件。由于保卵护幼行为出现，成活率大为提高，产卵量相应大大下降，如刺鱼每产仅80～100粒。

②体外受精，体内发育。罗非鱼又叫非洲鲫鱼或越南鱼，一年繁殖数代。生殖时雄鱼用嘴挖一圆坑，雌、雄鱼在坑内产卵、排精，雌鱼将受精卵连同精子和未受精的卵子一起吞入口中，行口腔孵化。天竺鲷科的小鱼是暖水性近海栖息鱼类，也能将受精卵吞入口中孵化，但亲鱼不是雌性，而是雄性。行口腔孵化的亲鱼，生殖期间竟不进食，生怕将受精卵随食物咽入胃中，"可怜天下父母心"，情景十分动人。雄海龙、海马其腹部、尾部皮肤能从身体两侧褶成育儿囊，生殖时雌雄相互弯曲缠绕，雌鱼将卵产在雄鱼的育儿囊中。当小海龙、海马从雄鱼"妈妈"的育儿囊中"生"出来之后，仍受到"妈

河蚌

妈"精心看管，一遇敌害又躲入育儿囊中，安然无恙。雌鳑鲏生殖时，其生殖孔延长为一长产卵管，伸入河蚌的外套腔中产卵，雄鳑鲏则穿上"婚姻装"，在雌鱼旁边排精，精子借水流

也进入河蚌外套腔中与卵受精。体外受精、体内发育的繁殖方式，避免了外界恶劣条件的侵袭和敌害，孵化率和成活率得到提高，产卵量也大为下降，如鳑鲏每产200～300粒。

③体内受精，体外发育。板鳃鱼类和少数硬骨鱼需要雌雄交配，卵子在雌体输卵管中受精，但受精卵要产出进行体外发育。虎鲨科、猫鲨科、鳐科，以及硬骨鱼中的霍鲂等都属此。此种繁殖方式有两个特点引人注目。一是雄鱼出现了交配器，如板鳃鱼类的鳍脚，由腹鳍内侧的一对基鳍软骨延长而成。交配时雌鲨静止不动，雄鲨弯曲躯体将雌体中部缠绕，并将鳍脚插入雌鲨泄殖腔和子宫，精液从鳍脚内侧的沟管进入雌体。硬骨鱼的交配器则是由臀鳍前缘的几个鳍条延长为生殖管或由生殖孔延长为生殖足。二是当受精卵经输卵管和子宫排出时，披上一层由腺体分泌的蛋白和卵壳。卵壳坚硬、光滑，外具缠丝，以利缠附水草等物。由于受精卵具蛋白营养液和角质卵壳保护，其产卵量只有数枚，如虎鲨每产2枚，刺鳐每产1枚。

以上三种繁殖方式，亲鱼产出的是卵或受精卵，因此统称卵生。

④体内受精，体内发育。卵子不但在雌鱼体内受精，而且在雌鱼体内发育。亲鱼产出的不是受精卵，而是仔鱼。这种繁殖方式在板鳃鱼类中相当普遍，但硬骨鱼中则较少见。受精卵在体内发育又分为

卵胎生和胎生两种情况。卵胎生指胚胎营养仅来自本身的卵黄，与母体基本上不发生营养联系。真鲨科、六鳃鲨科等多种板鳃鱼类属此，硬骨鱼中的食蚊鱼、海鲫等也属此。白斑星鲨每产10余尾，尖头斜齿鲨每产6～20尾，海鲫每产12～40尾，食蚊鱼（即柳条鱼）每产十几尾到几十尾。胎生者指胚胎营养不仅来自卵黄，也来自母体，如星鲨的胚胎在卵黄囊壁上生出许多褶皱，并嵌入母体子宫壁内，构成卵黄囊胎盘，借此从母体血液中获得营养。星鲨怀胎期10个月，每产8～12尾。但这种胎生与哺乳动物的胎生有本质区别，故有人称其为假胎生。

从上述四种繁殖方式看出，鱼类的繁殖问题关系着后代的数量和品质，如此悬殊的产卵量，都与其成活率密切相关，这是保护种族的一种生殖适应。了解鱼类的繁殖方式和特点，对经济鱼类的人工繁殖，以及鱼类资源的保护和利用，都有重大意义。

十二、由海洋里的发光生物说开来

生物发光并非生物的基本生理功能，因此不是所有生物都能发光。但生物发光却是一种普遍的自然现象，尤在海洋生物中常见。这里主要说下海洋中的发光生物及其他。

除人们熟知的萤火虫外，有40～50个生物类群都有发光种类存在。在这些发光生物中，陆生种类见于萤火虫、百足虫、千足虫、蚯蚓和蜗虫等少数无脊椎动物。植物和真菌也能发光，如发光树、发光草和发光花；能发光的陆生脊椎动物却缺乏相关报道，但据说有些雕鸮和猫头鹰因羽毛粘有发光真菌而能发光。在非洲基尔森林里，有一种杏黄色的萤鸟，除头部和翅膀生有羽毛外，其余部分都是光溜溜的硬壳，硬壳上布满了一层发光细胞，当地人把这种小鸟养在笼子里，夜里当作灯笼照明。淡水生的生物发光种类也为数极少，绝大多数的发光生物（包括细菌、无脊椎动物和鱼类）均属海产也就是海洋生物，如游水母、龙头鱼、烛光鱼等等。有人说在万米深渊的海洋底生活着形形色色会发光的生物，仿佛会把海底照成一座奇妙的"海底龙宫"，很是奇妙。

由于海洋生物发光极其普遍，所以沿海渔民常将海水发光称为"海火"。"海火"可分三种：

①乳状海火。指细菌不经刺激即能产生的一种不间断的连续发光。

②火花状海火。指小型浮游生物受刺激后所发出的一种不连续的间断发光。

③闪光海火。指某些水母经受刺激后所产生的一种瞬间发光。

那么，这些生物为什么会发光呢？它的发光方式又有哪些呢？一些生物发光又有什么应用与意义呢？下面细细说来。

1.生物的发光方式

生物本身因具有发光细胞或由发光细胞构成的发光器而发光。发光细胞是起源于皮肤而发生了变异和特化的腺细胞，能分泌荧光素和荧光素酶。如果发光细胞内同时含有荧光素和荧光素酶，则发光可在细胞内进行，此称细胞内发光；如果发光细胞内仅含有荧光素或荧光素酶，则发光必须在分别含有荧光素和荧光素酶的不同发光细胞的分泌物相遇时才能产生，此称细胞外发光。细胞内发光的生物类群有细菌、单细胞动物、低等无脊椎动物、萤火虫和某些鱼类；细胞外发光的生物类群有水母、介形类、高等无脊椎动物和某些鱼类。某些蚯蚓受到刺激后，能从背孔排出一种淡黄色黏液，与空气接触后才能发光（一种黄绿色光）。

有些发光动物不但具有发光细胞，有的还有由发光细胞、色素层、反光层和晶状体所构成的发光器，其结构正好与光感受器（眼睛）相反。某些樱虾、磷虾、头足类和鱼类等发光类群都有相当复杂的发光器。发光器的数目和排列方式在同种动物中恒久不变，所以发光器在动物分类学上具有重要意义。鱼类的发光器多分布于头部和上下颌，尤为眼睛的下方和贴后方，以及身体两侧和腹面，身体背面没有发光器，这反映鱼类只对身体前面和下面的区域发光照明。

有些动物虽然没有发光细胞，但也能发光，这是因为与发光细菌发生共生的缘故。不少发光鱼类即是如此。

2.生物发光的应用

提起光，人们便会想到热，因为光能产生热。然而生物光只发光不产热，故名冷光。生物光的波长范围为400～700纳米，与白炽光相比，它的颜色是蓝绿色，也有黄色、橙色和红色的。生物光的能量转化率几乎是100%，而白炽光只有12%的能量转化为光，可见生物光比白炽光的电光转换效率高得多。

因为冷光本身无热，所以没有爆发火花的危险，在油库、炸药库、矿井等易燃易爆场所，用其作照明光源最为理想，因此冷光被称为"安全之光"。如果将富含发光微生物的海水装入玻璃灯泡中，就制成了一种简单的"冷光灯"或称细菌灯。1935年，在法国巴黎海洋学院召开的一次国际会议，其会议大厅安装的就是这种冷光灯。冷光的应用范围很广，它既可用于照明，又可应用于航空、航海、捕鱼和野营等方面，如飞机的照明系统发生故障，冷光灯可作为呼救信号灯，有利于飞机获救转危为安。

3.生物发光的生物学意义

①求偶信号。在生殖季节，动物通过发光招引配偶，达到两性聚合，利于传种繁衍后代。萤火虫的发光即为典型的求偶信号，并且是一个复杂的信号系统。夜间，雄虫在林中飞翔时，以有节奏的闪光向配偶发出呼吁信号，而在树枝或草丛中爬行的雌虫则立即发出应答信号。呼与应这两种信号的时间间隔十分清晰，

很有规律。不同种类的萤火虫有不同的闪光形式，就是说在闪光频率、强度和颜色上因种类而异。这种不同的闪光形式就成为异种互相辨别和同种雌雄求偶的信号语言。如果雄虫判断失误，或雌虫的应答信号发出太早或太迟，长翅的"求婚者"就有可能付出牺牲生命的代价，因为雌虫会把比自身小得多的雄虫吃掉。

②引诱食饵。在新西兰一个村庄附近的山洞里，生活着许多双翅目幼虫，它们分泌发光的黏液丝，借此吸引和捕食细小昆虫。深海的角鮟鱇目鱼类，其背鳍的第一鳍条演变为能发光的钓竿，通过明暗闪光吸引小鱼到嘴边，进而落入它阴险的大口。

③防御敌害。枪乌贼和乌贼遇到敌害时，其自卫方式是向进犯者发放一团团液态火焰，其形状、大小往往与它们的自身体型相似，误导追踪者不去追捕被追捕者自身，而是进攻其"替身"——发光的火团，从而使追踪者上当受骗。与此同时，枪乌贼和乌贼便趁机逃生。这种自卫方式与用喷射墨汁掩护退却而御敌的道理十分相似。有的发光动

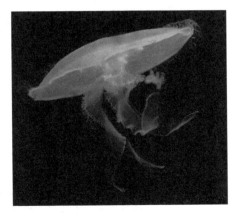

水母

物当陷入捕食者"虎口"的一刹那，突然发出闪光，令捕食者目瞪口呆，从而趁机逃走。有的发光动物甚至被切成两段时，其尾段继续发光，头段却立即将

"灯"熄灭，变成黑色。有的发光动物在捕食者吞食了尾段，头段则在趁机逃走之后，会"再生"出尾段。

动物借发光诱食与御敌的生物学意义，有一点值得说明。诱食也好，御敌也罢，发光器与深海生活之间并无必然关联，因为这将导致发光动物明显暴露了自身，违背其为诱食和御敌而发光的"初衷"，似有"自搬石头砸自脚"之嫌。何况生活于海面或接近于海面的鱼类中，也有有发光器的，甚至有的发光器结构还相当复杂。相反，永久生活于深海的鱼类，也有无发光器的。如此看来，生物发光的生物学意义尚有进一步深入研究的必要。

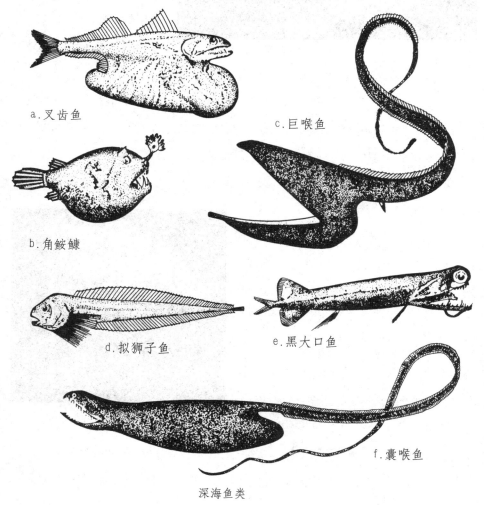

a.叉齿鱼

c.巨喉鱼

b.角鮟鱇

d.拟狮子鱼

e.黑大口鱼

f.囊喉鱼

深海鱼类

两栖爬行动物

一、蛙族一瞥

蛙族为无尾两栖动物，幼体称蝌蚪，营水中生活，以鳃呼吸，变态后的成体即蛙，营水陆两栖生活，以肺呼吸为主，辅以皮肤呼吸。由于皮肤裸露，黏液腺发达，没有鳞片和角甲，所以只能生活于潮湿多雨的淡水地区，广阔的海洋因水咸成为它们的生活禁区。

蛙族在全球有4400种，我国有278种。它们的栖居环境、生活方式千变万化，形成了多种生态物种和类型。

生活在古巴岛上的矮蛙，个体最小，堪称蛙族中的"侏儒"。喀麦隆有一种蛙，发现于20世纪60年代，当时起名巨蛙，绝对是蛙族中的"巨人"。牛蛙生活于北美，体长12.7～20.3厘米，体重1千克以上，雄蛙鸣声低沉，有如牛吼。湖蛙，牛蛙的近亲，但主食鱼卵和幼鱼，给人类造成一定危害。下面说一说中国常见和特有的品种。雨蛙，其指趾末端膨大成吸盘，善于吸附在附着物上，生活于河边树木或芦苇丛中，常在雨后高鸣，故名雨蛙，分布于川、赣、浙、粤等地。虎纹蛙，体型大，雄性体长80毫米、雌性体长最大者可达120毫米以上，主要生活于池塘、水田、水坑内，遍布长江以南各省区。泽蛙，体型小，两眼间具"V"形黑斑，生活于池塘、湖沼，分布于华东、华南各省。树蛙，因大腿后方具网状花斑，故又称斑腿树蛙；因蛙体随环境而变色，又被誉为变色树蛙。树蛙两性体型差异较大，雌大雄小的特征十分鲜明。分布于西南各省，以云南最多。中国林蛙，俗称哈士蟆，生活于阴湿的山坡树丛中或山溪

古巴

附近，分布于东北、华北、四川等省。东北产的中国林蛙，其干制的雌性整体，即是市售的哈士蟆，其晒干的输卵管称哈士蟆油，为名贵补品。狭口蛙，又称北方狭口蛙，俗名气鼓子。体小，因口狭小而得名。此类蛙生活于水塘和房屋附近的草丛中，分布于江西、湖南、内蒙古等地。饰纹姬蛙，体小，长度仅有2.2厘米，生活于水田附近泥窝内或草丛间，分布于长江以南地区。胃蛙，因受精卵在胃内孵化而得名。在繁殖期，雌蛙的胃由消化功能转为"临时子宫"，能将受精卵全部吞进胃里进行孵化。蝌蚪孵出后，经过50多天，变态为幼蛙。这时胃蛙张开大嘴，将幼蛙一一吐出。幼蛙先在母亲周围活动，稍大后即离开母体自由生活。

　　人们最熟悉最常见的蛙族个员应该是黑斑蛙，亦即俗称的青蛙，又名田鸡。青蛙分布广，数量大，主食农林害虫，是著名的捕虫能手。然而，由于生态环境遭受各种各样的污染破坏及人类捕捉等因素，如今的青蛙正在遭受灭顶之灾，种群数量日益减少，已处于濒临灭绝的边缘。如果再继续下去，不严加保护，青蛙也会有灭绝的那一天！

二、蛙族的另类——海蛙

　　蛙族为两栖动物，只能生活于热带、亚热带、温带的淡水地区，连寒带的江河水系因水温太低也难觅其踪，更别说盐度很高的海洋水域了。海洋是蛙族的生活禁区，如果硬要将蛙民移居海洋生活，其结果就像淡水鱼迁居"海水"一样，必然因"得盐失水"而死亡！

　　然而，令人震惊的是，有一种蛙族的另类——海蛙，却能在东南亚和我国海南岛的沿海水域自由自在地生活着。海蛙体长6～8厘米，背部深绿色，有不规则斑块，前后肢具横斑，趾间具蹼。雄蛙咽下有一对鸣囊，能够鸣叫。

海蛙生活在咸水、半咸水的海湾泥滩上，白天一般隐伏于泥沙洞里或红树林的根须丛中，夜晚退潮后就会钻出隐蔽地，在海滩上蹦跳着捕食小蟹，故又有食蟹蛙之称。海蛙也捕食小虾、螺类和昆虫。

海蛙与其本族的"蛙民"有何不同呢？它为何能生活在海水水域呢？又为何不因"得盐失水"而死亡呢？这还得从渗透压（物理名词）说起。海中鲨鱼因体内所含尿素达2.5%，从而提高了自身的渗透压，变得与含盐2.8%的海水浓度几乎等渗，从而解决了"得盐失水"问题。海蛙由于肾脏过滤尿素的效率很低，所以血液中也含有大量尿素，致使它能维持较高渗透压，从而能耐受得住含盐2.8%的海水浓度，所以也与海水的渗透压几乎等渗，因此也就不存在"得盐失水"的问题。相反，海水中的些许水分还往往渗入海蛙体内，这时其肾脏便会将多余的水分排出。这就是海蛙能在海水中生活的基本原因，而蛙族王国的其他"蛙民"不但在含盐2.8%浓度的海水中不能生活，就是在含盐1%浓度的海水中也会因"得盐失水"而死亡！

在繁殖季节，海蛙于海水洼塘中产卵，当水温升至40℃以上时，受精卵和蝌蚪仍能耐受得了，不怕阳光照射。这在其他蛙民中也是绝无仅有的。就耐盐性而言，蝌蚪比蛙还要高，在含80%氯化钠的海水中生活12小时后，其死亡率只有30%。

三、全球最毒的动物——箭毒蛙

很少人认为蛙类有毒，但都知道他的"表亲"蟾蜍有毒。蟾蜍列为"五毒"（蝎、蛇、蜘蛛、蜈蚣和蟾蜍）之一。因为蟾蜍的毒性最小，故排在"五毒"末尾。蟾蜍属无尾目蟾蜍科，本科的两栖动物有300余种，几乎遍布世界各地。我国常见的有中华大蟾蜍、花背蟾蜍和黑眶蟾蜍。蟾蜍爬行缓慢，不善于游泳和跳跃，只凭一身令人"望而生畏"的皮肤保护自己。它身体背部长满了大大小小的疙瘩，"丑"得被称为"癞蛤蟆"。这些疙瘩是它的皮脂腺，能分泌白色毒液，因此凡咬过蟾蜍的动物都会退避三舍，如果一口咬上便疼痛难忍，不得不吐出来。蟾蜍最大的一对皮脂腺是耳后腺，位于头部鼓膜上方两侧，分泌的毒液可制成中药"蟾酥"，有解毒、消肿、止痛和强心的功效。蟾蜍是著名的捕虫能手，对农田作物有益。

箭毒蛙

不过，世界上还有一种蛙类的毒性远超于蟾蜍，它就是生活在南美洲的热带雨林中，分布在尼加拉瓜、巴西东南部和玻利维亚一带体型很小的箭毒蛙。现在已知的箭毒蛙科类有6～8属，其中箭毒蛙属、叶毒蛙属、地毒蛙属和怖毒蛙属的毒蛙都有剧毒，它们都有鲜艳夺目的警戒色，包括绿色、蓝色、红色和夹杂着深色斑点和条纹的灰色。这些剧毒和警戒色在动物界尤其在有毒物种中颇为著名。它们在背部皮肤中都有许多毒腺，分泌的毒液毒性极强，0.01毫克的毒液即可毒死一个人，0.0002毫克即能毒死一只老鼠。当地印第安人将毒液涂在箭头上用于狩猎，便是箭毒蛙名称的由来。最毒的种类是叶毒蛙属的毒蛙，它们分布于南美洲哥伦比亚等地的热带雨林里，体重仅1克多，其毒性为眼镜蛇的50倍，人如中毒在几秒钟后即会死亡。据说叶毒蛙的一只叶毒蛙分泌的毒液可致100多人丧命，因此被称为世界上最毒的动物。

箭毒蛙毒素属神经毒，能破坏神经系统的正常活动，机制是阻碍神经细胞膜的离子交换，使神经细胞膜不能传递信息，导致神经系统瘫痪，心脑和呼吸器官失去神经支配而停止活动。叶毒蛙的皮肤分泌含有许多有毒的生物碱，包括士的宁和烟碱（尼古丁）。士的宁是神经递质甘氨酸的特异性拮抗剂，可破坏神经系统导致肌肉痉挛，直到中毒者角弓反张，最终窒息而死。烟碱是强致命毒物，对大鼠的半数致死量为50毫克／千克，对小鼠的半数致死量为3毫克／千克，对人的半数致死量为0.5～0.1毫克／千克，它是神经递质乙酰胆碱N型受体的特异性阻断剂。

四、家养绿毛龟

绿毛龟是人们日常生活中常见的一种淡水龟类，如乌龟、黄喉水龟等。主产地在中国江苏、湖北两省。龟体上的绿毛是一种丝状绿藻，因在水中如被毛状，故称绿毛龟。绿毛龟的种类很多。大致分有天然被"绿毛"和人工接种绿毛。

绿毛龟体型小巧。家养所需容器不大，饲养方法简单。在客厅里或写字台上养一只绿毛龟，能给居室增添一份独特的景观，赏心悦目。

全身披满丝丝绿色长毛的绿毛龟在容器中漂游，碧绿晶莹，闪闪发光，好看极了。当绿毛龟出离水面时，绿色长毛紧贴龟体，如披绿铠，美得让人感到文雅、洁净。绿毛龟多生活于溪涧和湖泊等天然水体中，现已大量人工饲养。

经常观察、欣赏绿毛龟在水中的游荡情景，不仅给生活带来情趣，据说还可消除眼睛疲劳，有恢复视力的医用价值。另外，对高血压和神经衰弱等病也有一定的辅助治疗。在国外，特别是日本、菲律宾及欧美一些国家，给亲朋好友赠送一只绿毛龟，成了一种社会时尚。中国古代将龟视作吉祥之物；日本民间也把龟类作为吉祥如意和延年益寿的象征。据国外文献记载，有两种陆龟分

别能活到116年和152年。在港澳和广州
地区，人们亦对绿毛龟十分青睐。

五、绿毛龟的人工培育

　　人工培育绿毛龟，必须满足龟和藻两种
生物所需的生态条件。新鲜井水、矿泉水均可，但
水质pH值要以中性为宜，偏酸偏碱都对绿藻有杀伤力，

乌龟

严重时会致其变黄、变白甚至枯死脱落，从而变为黄毛龟、白毛龟和无毛龟。
水温以18～24℃为宜，低于12℃时，龟停止摄食，进入冬眠状态，绿藻也停止
生长；高于32℃时，绿藻生长受阻。绿藻是自养型绿色植物，它自己制造营
养供给自身，但必须进行光合作用，所以前提是有一定的光照时间，但不能暴
晒，以避免剧烈紫外线的杀伤。人工培育的过程如下。

　　①将购来的淡水龟置于容器后，每天需换水一次，并喂以瘦肉，给予为期
两周的育肥。然后禁食4～5天，以排空胃肠。继而以粗砂纸擦磨龟壳，使之粗
糙，以利绿藻附着。

　　②将采来的绿藻如龟背基枝藻放入足量清水中，置于阳光处静养一周，然
后取少许切碎磨烂，用来涂擦龟壳。

　　③之后将经过处理的种龟置于盛有清水的容器中，再放入切碎磨烂的龟背
基枝藻约15克，然后增加光照时间，直至龟壳上长出绿毛为止。龟壳长出绿毛
后，开始给龟喂食，每天喂食后要注意换水，以清除粪便，防止氨类物质影响
龟、藻生长。换水时如能加几粒尿素更利于绿藻茁壮成长，使之更加繁茂。以
后每隔2～3天，给绿毛龟喂食一次即可。

六、趣谈中华鳖

　　中华鳖即人们常说的鳖、甲鱼、团鱼、王八等，隶属于龟鳖目鳖科。鳖与

龟的区别在于鳖骨质板外面无角质甲，而被以柔软的革质皮。其头颈能全部缩入甲内，吻延长呈管状，指、趾间具蹼，其内侧三指、趾具爪。在我国，中华鳖分布于全国各地的江河、湖泊、水库、池塘和沟渠等，主食鱼虾、蚌螺、水生昆虫，以及陆地蚯蚓、昆虫、瓜果和蔬菜等。中华鳖的咽部有许多绒毛状突起，其上微血管密布，可辅助肺呼吸水中的氧，因此能在水底淤泥中潜伏十多个小时不出水面呼吸空气。鳖肉味道鲜美，极富营养，是名贵的佳肴、补品。甲鱼汤更是上等宴席所必备。鳖甲还是常用的中药材。如今养鳖成风，全国各地都有养殖场。

中华鳖为爬行动物，但水陆两栖性能很强。由于指、趾间具蹼，能在水中游泳，但因体型欠佳又具笨重骨板而颇受阻力，所以只能在水中捕食那些运动

极弱的水生小动物或病鱼、死鱼。在陆地，中华鳖爬动较快，但陆地环境险恶，它必须格外谨慎小心。一有风吹草动，中华鳖便施展两大御敌战略：一是将头颈四肢全部缩入甲内，进行消极防守；二是积极逃开，赶紧跳入水中避难。

中华鳖的生命活动一年四季都十分规律。春暖花开水温超过15℃时，它们便从冬眠中醒来，睁开惺忪的睡眼，摆动不太灵活的四肢，从水底泥沙中缓慢爬到岸上，开始寻觅食物。当环境温度达到20℃时，它们运动速度加快，胃口大开，采食量猛增。到了夏季，便是中华鳖最忙碌的季节，它们一方面继续采食，另一方面开始忙于繁殖后代。特别是春末夏初之时，雌雄中华鳖便忙着在水中交配。值得一提的是，雌雄中华鳖去年秋季交配时，雄性的精子能在雌性输卵管中存活一冬，今年尚可与雌性的卵子进行受精，即一次交配，可多次

受精。受精卵在洞穴中经阳光照射即缓慢孵化，经50天左右，幼鳖破壳而出，拱出土来，借本身的趋水天性，急急忙忙爬入水中。入水几天之后，幼鳖体内的卵黄被吸收完毕，便开始觅食了。到了秋风天凉，鳖民们便从忙碌中安静下来，开始寻找合适的场所准备越冬。当水温降至15℃以下时，鳖民全部蛰伏下来，步入长达5～6个月的冬眠期。冬眠期间，中华鳖靠咽部的绒毛突起进行呼吸，以维持其十分缓慢的新陈代谢。

关于产卵。在夏季繁殖季节，雌鳖的一件大事便是趁夜深人静悄然上岸，选择一个土质松软而又离水位置远近相当的地方，以前足挖一洞穴，产卵其中，再以后足将挖出的土覆盖之，并以身体将洞穴压平，做好伪装，并在洞穴不远处加以守护。中华鳖产出的卵同其他爬行动物一样，具有硬壳的大型羊膜卵，能在陆地孵化，再不会像鱼和两栖类那样必须在水中产卵和孵化了。中华鳖选择的产卵地，其时间、地点必须与洪水到达的时间、地点相匹配。如果洪水水位低，或者洪水来得迟，而鳖的卵穴位置却很高，那么幼鳖孵出后，在爬向河水时，往往来不及进水就中途干死了；反之，如大发洪水，或在卵尚未孵化之前洪水就来了，而卵穴位置又低，那么鳖卵便往往来不及孵化就被洪水冲走了。让人惊叹的是，中华鳖选择的产卵地往往在时间和地点上十分恰当，使上述两种情况都不会发生，这实在是值得研究的一个问题。

关于晒太阳。即人们所说的晒甲或晒盖。只要白天天气晴朗，中华鳖每天往往要晒2～3个小时。通过晒盖，一来舒筋活血，提高自身的体温；二来洁肤杀菌，维持身体健康。其实，晒太阳是所有爬行动物的共同特征，也是它们借以提高体温的一大法宝。

中华鳖的养殖管理。只要水质良好，各种大小水体都行，鱼塘养鳖更佳。需要注意的几个养鳖问题：一是温度，因为温度高低对鳖的生长发育和繁殖影响最大，以28～30℃为最适宜；二是阳光，水塘中最好设置小岛，以供其上岸晒盖，从而提高体温和增强体质及抗病能力；三是环境，因为鳖胆怯怕惊，易受干扰而影响采食，安静的环境最为合适；四是饲料，保持饲料中一定的蛋白质含量水平，新鲜，蚯蚓最好，屠宰场的内脏下脚料也不错；五是养殖场，周围要设置围墙，1米高即可，以防鳖于夜间逃跑。

七、新西兰岛上的活化石——喙头蜥

在新西兰及其周围的小岛上，生活着一种十分奇特的小型爬行动物——喙头蜥，它是爬行类喙头目中的独种，长着一个大三角形的头，嘴巴如同鸟喙而得名，又叫楔齿蜥或鳄蜥，当地的毛利人叫其"土阿塔拉"。喙头蜥形似蜥蜴，体长50～80厘米，头顶的顶间骨中央具有一颗已经退化了的"第三只眼"，称颅顶眼，此眼在其进化史上曾经很发达，不仅具有角膜和晶状体，而且还有视网膜，能够感光、视物和辨色。如今的喙头蜥虽已失去视觉功能，但幼体的颅顶眼处仍呈透明状态。喙头蜥口内长着锯齿状小牙，头后有锯齿状冠状物，从颈部一直延伸到尾部，全身皮肤布满斑点和褶皱，后面拖着一条长尾巴，活动起来十分缓慢。喙头蜥昼伏夜出，白天隐于洞穴中睡觉，黄昏后或到岸边戏水，或伏卧水中，或爬到湿地上享受悠闲时光。

喙头蜥的形态结构非常原始而古老，与两亿年前地层中发现的喙头类动物

新西兰南岛

化石的构造十分相似，其骨骼结构没有什么变化。两亿年前繁殖颇盛的喙头类动物，现在已近乎灭绝了，仅在新西兰北部沿海的少数小岛上，数量极少。由于喙头蜥原始、古老和数量稀少，在研究爬行动物进化方面具有重要价值，所以古生物学家十分重视它、珍惜它，称它为"活化石"。

喙头蜥的洞巢并非自己建造，而是借宿海鸟之洞巢。因为海鸟白天出来觅食，而喙头蜥是夜行性动物，这样在时间和空间上就能错开使用巢居，和平共处。

喙头蜥同其他爬行动物一样，卵生，雌蜥产大型羊膜卵，每次产卵10枚左右，形状大小如鸽蛋，经13个月的孵化期，幼蜥才能破壳而出。喙头蜥成长期很长，20年才达到性成熟。它们寿命也长，一般能活过百岁。

喙头蜥以蚯蚓、昆虫、蜗牛、小鱼，以及甲壳类动物为食。喙头蜥与海鸟共栖，互为有利。海鸟的粪便滋养了大量昆虫，而昆虫常叮咬鸟蛋，但喙头蜥主食大量昆虫不但养育了自身，又使海鸟得利。这种共生互利的关系，加之海岛偏僻几无天敌，就成了喙头蜥幸存至今的生态原因。

八、科莫多巨蜥

巨蜥为蜥蜴亚目巨蜥科的爬行动物，是一个进化较为原始的陆生食肉类群。分布于非洲、亚洲南部和澳洲东南部岛屿。产于印度尼西亚科莫多岛上的科莫多巨蜥，闻名全球。我国也产巨蜥，圆鼻巨蜥，分布于广东、海南和云南等地区，为国家一级保护动物。

科莫多巨蜥又称科莫多龙，体型巨大，长3～4米，人们常误认为是鳄类。体被颗粒状细鳞，腹鳞四方形。头大，颈周围为层叠的橙黄色厚皮，略褶皱下垂。尾粗、长而侧扁，四肢粗壮，趾端具锐爪，能将身体抬离地面很高而迅速爬行，也能在水中游泳，还能爬树。科莫多巨蜥耳孔很大，但听觉迟钝，视觉灵敏。它的舌同蛇一样，长而尖端分叉，能缩回上颌的"犁鼻器"鞘内，为极

其敏锐的嗅觉器官。科莫多巨蜥可以把嘴张得很大，也同蛇一样，能吞下小羊、小鹿。它们在科莫多岛上堪称一霸，以野猪、猴、鹿、羊、昆虫、鸟卵等为食。

科莫多岛旱季炎热，气温高达75℃，而科莫多巨蜥连43℃的环境温度也耐受不了，所以它们常躲在地下深达5米的洞穴中避暑。因为气温过高时，科莫多巨蜥的胃液便失去消化功能，胃内食物会因来不及消化而腐烂变质，危及生命。

科莫多巨蜥每年7月交配，翌年4月孵化。幼蜥孵出后即爬到树上栖居，以昆虫、蜥蜴和蛇为食，8个月后才下地生活，以食死兽为生。长大后即可称霸全岛，任何动物都能捕食。

科莫多巨蜥是科莫多岛残存的珍稀动物，也是全球的濒危物种，该物种具重要的科研价值，尤其对研究爬行动物的进化具有重要意义。

九、避役（变色龙）的"四招鲜，吃遍天"

避役是树栖生活主食昆虫的一群特化爬行动物，隶属于蜥蜴目避役科。由于极端特化，有学者将它们从蜥蜴亚目中分出来另辟一目，即避役亚目。避役种类很多，有近百种。主要分布于非洲大陆和马达加斯加岛。

避役体长15～25厘米左右，头和身体侧扁，头枕部具盔状突起，背部有脊棱，皮外被颗粒状鳞片，其皮层中有许多色素细胞，在植物性神经控制和支配下，能迅速变换体色，故有"变色龙"之美名。避役四肢细长，指、趾各五，皆分为相互对峙的内外两组：前指内三指愈合为内组，外二指愈合为外组；后趾正好相反，内二趾愈合为内组，外三趾愈合为外组。这样使避役的前后足形成了四把钳子，从而牢牢地握住树枝进行攀爬运动。避役之尾特长，且具缠卷性，因此也成了它们攀缘树枝的运动工具。避役的舌平时卷缩于口内，伸出后几达体长，其舌端膨大，黏液腺发达，捕食时舌能迅猛"射"击黏住昆虫送回口中，为远距离的猎食高手。避役的眼睛特化得更为怪异，双眼大而突出，眼睑特厚，上下眼睑愈合，仅留中央一小圆孔特为瞳孔而开。尤其是左右两眼能独立活动，互不牵制和干扰，当左眼注视前方时，右眼可环顾后方，视力范围在水平方向可达180°，在垂直方向可达90°。换言之，避役的两眼能随心所欲地一只向上、向下、向左、向右、向前、向后看，而另一只能毫不受影响地看其他各个方向，着实让人难以想象。避役体内还有许多气囊，就像鸟儿气囊一样与肺相连，吸气时能使身体鼓胀，俨然是一个球形怪物。

与其他陆生脊椎动物相比，避役其实是地球上的弱者，它们行动缓慢，又无强大的猎食和防伪武器，但它们具备"变色""转眼""射舌"和"鼓体"这四大绝招，能进行奇妙的猎食和御敌，使其生活于地球上至今昌盛不衰。在所有陆生脊椎动物中，避役可谓是"独树一帜"。

避役遇到昆虫时，便施展其四大绝招，一是一动不动，以"变色"绝招与周围环境融为一体而隐身；二是用"转眼"绝招，一眼盯住猎物，另一眼窥视四周动静；三是以迅雷不及掩耳之势以"射舌"出绝招，将昆虫远距离黏住，送回口中吞食。万一这三大绝招未能奏效又不幸路遇强敌，避役就猛吸空气，施展第四

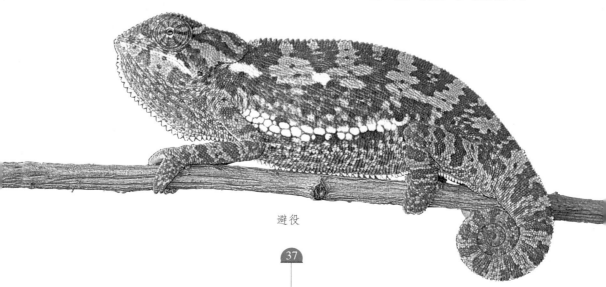

避役

大绝招——"鼓体",将身体涨成个怪异的大球,吓跑敌害,保住性命。

一般而言,避役通过"变色""转眼""射舌"和"鼓体"这四大绝招,都能猎到食物和躲过敌害。中国民间有句老话叫"一招鲜,吃遍天",而避役更胜一筹竟有"四招鲜",所以走遍丛林更能"吃遍天"!

十、扬子鳄的冬眠与繁殖

扬子鳄体被大型坚甲,由角质盾片和骨板组成,隶属于爬行纲鳄形目鳄科,有"活化石"之称。扬子鳄与大熊猫一样,为我国特产,是国家一级保护

扬子鳄

动物。扬子鳄以软体动物、甲壳类和鸟、兽为食,它们的忍饥能力很强,可连续几个月不进食。扬子鳄进食时常流出人们所说的"鳄鱼的眼泪",其实那是盐腺分泌的带有盐分的液珠。与扬子鳄同科同属的还有一种淡水鳄,即生活于北美密西西比河流域的密河鳄。

爬行动物有一鲜明特征,它们没有声带,唯独鳄类例外。鳄的口咽之间有一肌肉质膜状结构,称腭帆,有类似声带的作用,并能在呼吸时不影响吞食。在发情繁殖期间,扬子鳄常于夜间出来吼叫,尤其是雄鳄,其吼声如同古代的更夫在打更鼓。

冬眠 扬子鳄是变温动物,体温随环境温度而变化,对高温适应性强,对低温适应性差,冬季需要冬眠。

在中国安徽省宣城市有一片丘陵地带,其岗坡上树竹成林,池沼中水草丰美,扬子鳄自然保护区就设在这里,而全球独一无二的扬子鳄繁殖研究中心也处于保护区的中心地带。

保护区栖居着年龄各异、大小不同的数千条扬子鳄。每年的11月至翌年3月，是扬子鳄的冬眠期。在冬眠之前，它们在水塘边拱土衔石，打洞造窝，呈现一片繁忙的"劳动"景象。扬子鳄中也有少数懒鳄，整天不是觅食就是晒太阳，不愿"劳动"，而到了冬眠时，便开始"打家劫舍"——出现抢洞现象。管理人员出于对扬子鳄生命的珍惜和保护，只好多挖一些洞穴，到冬眠时让这些懒鳄分享。

扬子鳄很会营造洞穴，其构造复杂而巧妙，一般分为三层，洞内不仅有迷惑天敌的数条岔道，还有倾斜的进出口，有的进出口一端连着池塘边，另一端绵延至杂草树丛中，窟顶还有垂直的天窗可确保洞内空气新鲜，最深处才是椭圆形"卧室"，附近还有一个积水的"浴池"。如此复杂的工程，全凭扬子鳄头、足、爪及长尾挖掘而成，没有借助任何工具和外力。堪称两栖动物的"工程师"。

扬子鳄实行雌雄分居，一洞一条，来度过每年长达5个多月的冬眠期。在冬眠的日子里，扬子鳄不食不动，全身绵软，有时爬到洞边喝上几口水，然后又回洞继续昏睡。在扬子鳄繁殖研究中心，已在其冬眠前用清水清洗和高锰酸钾水消毒，之后移入暖房水池中度过冬眠期。

繁殖　每年春天，扬子鳄从洞中逐渐苏醒，开始陆续出洞生活。随着环境温度逐日升高，它们由白天活动改为夜间活动。6～8月是扬子鳄的繁殖期，它们于夜间频繁出动，雄鳄吼声大作，呼唤和引诱雌鳄。雌鳄"心领神会"，与雄鳄相会并双双游至较深水中交配。

扬子鳄产卵于向阳的南坡、离水塘较近之处，先选一凹槽以尾和四肢挖一凹坑，再垫上杂草、树叶。7～8月雌锷产卵一般20～50枚，灰白色，比鸡蛋略小。产卵后，雌鳄再以草、叶将卵覆盖，借太阳光热和草、叶发酵产生的热量进行自然孵化，经2～3月孵出仔鳄。幼鳄出壳后即能爬行，它们前肢五指，后肢四趾具有微蹼，行动敏捷，适应外界环境能力极强。

扬子鳄种群中，往往都是雌多雄少，其性比约为5：1。经研究发现，鳄卵受精时并无固定性别，而是受精卵于受精两周后由当时的孵化温度所决定。在30℃以下孵出的皆为雌性；在34℃以上孵出的都是雄性；在31～33℃之间孵出的雌雄均有，但以雌性居多；如果孵化温度低于26℃或高于36℃，则孵不出幼鳄。扬子鳄种群雌多雄少正是受精卵多在适宜孵化雌性的温度条件使然。

十一、栖息海湾的巨型食人鳄——湾鳄

鳄鱼不是鱼，而是爬行动物，并且是爬行动物中的高等类群。生活于热带和亚热带的淡水和半咸水中。全球共有鳄类25种，分为三科：一为食鱼鳄科。本科鳄类吻细而长，嘴端稍膨大，如食鱼鳄，体长可达6～10米，嗜食鱼类。生活于印度各地河流。二为短吻鳄科。本科仅存两种，即生活于我国长江中下游沿岸的扬子鳄和生活于北美洲密西西比河流域的密河鳄。这两种鳄分隔距离几乎达到地球半圈的不连续分布特点，说明是其种群的残留。因为第三纪时它们曾广泛分布于新旧大陆。三为鳄科。吻不细长，呈三角形或圆形，本文所谈的湾鳄即属该科。

湾鳄食人　湾鳄体躯长大，最长者可达10米以上，是一种能够吃人的巨型鳄类。湾鳄和扬子鳄一样，其种群数量正处于濒危状态，已被世界自然保护联盟物种生存委员会（IUCN-SSC）列为濒危鳄类。湾鳄多生活于沿海港湾及直流入海的江河中，也能在海里和淡水中生活，是一种半咸水鳄。据中国历史记载，湾鳄多分布于我国广东的潮州、汕头、雷州和珠江口等地。早在一千一百多年前，唐朝被贬官员、大文学家韩愈出使潮州（今广东省东部）刺史时因海鳄食人曾写过一篇《祭鳄鱼文》，限令鳄鱼迁走。为驱赶鳄鱼，韩愈令属下向湾鳄聚居的潮州鳄溪投掷猪羊，并向湾鳄发出最后通牒："今与鳄鱼约，尽

三日，其率丑类南徙于海……"在韩愈驱鳄的当晚，鳄溪中风雨交加，电闪雷鸣，数日后湾鳄向西迁徙30千米。为纪念韩愈的德政，当地百姓从此将鳄溪改名为"韩江"。这段历史佳话说明在当时这种大型食人鳄还是相当多的。之后湾鳄在中国一直绝迹。据相关报

斯里兰卡

道，2016年初，曾有武汉市民在嘉陵江捕获一条小湾鳄，已送动物园喂养。湾鳄在国外的分布是近海河口，一般是涨潮时所能达到的地段。湾鳄在南亚的分布有印度的东海岸、南到南亚半岛的南端、斯里兰卡、中南半岛海岸、马来半岛、菲律宾、新几内亚等，直至澳洲的北部海岸、所罗门群岛、斐济群岛，也常见于柬埔寨和湄公河河口等。

说到近代的湾鳄吃人，也曾有过相关历史故事。据说1945年2月19日，即第二次世界大战结束之前，侵缅日军被反攻的英军包围在缅甸的一个海湾沼泽地。入夜后日军仍未撤出该地，这时海潮猛涨，大批湾鳄蜂拥而至，并向日军攻击。千名日军陷入泥潭，难以阻挡鳄群，绝望的惨叫声响彻沼泽。翌日黎明，约有900名兵士被湾鳄咬死吞食，其状惨不忍睹，这就是近代史上最大的湾鳄食人事件。

繁殖　生活在热带和亚热带的湾鳄，最适温度为30～33℃，36℃时呼吸不畅，38～39℃时便濒于死亡。因此，湾鳄一遇高温便立即躲入荫凉处或潜伏水中，而一遇低温便不食不动。湾鳄以虾、蟹、螺、蚌、鱼、蛙为食，也捕食小型鸟兽，还偷食家畜家禽，就连人类也常受其攻击。湾鳄常于上午十时左右群集嬉戏游动并发出吼声，下午则静浮水面晒太阳，傍

晚归巢。湾鳄可于水下停息5～6小时，然后浮出水面呼吸空气。

　　湾鳄的繁殖期是每年的5～6月。它们常在江河入海的三角洲上群集繁殖。雌鳄以树枝、芦苇、草叶堆积成凹巢，并在其内产卵，靠大气温度和腐草发酵产生的热量进行自然孵化。雌鳄往往在卵巢附近一米处守护，并以尾击水洒巢，以保持一定湿度。鳄卵的最适孵化温度为30～33℃，其孵化期往往与其温度高低而有变化，但一般为75～96天。幼鳄出壳后常发出鸣叫声，母鳄闻声将其扒出并带入水中独立生活。刚出生的幼鳄体长25厘米左右，一年后长到约50厘米，三年后体长可达1米多，体重可达5千克。湾鳄的成熟期为12年。湾鳄寿命很长，据说能活到70～80岁。

十二、毒蛇与其劲敌的三场生死之战

　　蛇是一种特化了的爬行动物，隶属于爬行纲有鳞目蛇亚目。地球上共有蛇类约2700种，其中毒蛇约占1/5，主要分布于热带、亚热带。我国有毒蛇类211种，其中分布广、毒性大的不过十多种。福建、广东、云南蛇最多，大连附近的"蛇岛"上栖居着数万条黑眉蝮蛇。

　　毒蛇因具毒腺、毒牙而得名。毒牙因结构和着生位置不同，将毒蛇分为三大类：第一类为管牙类毒蛇。一对毒牙呈管状，着生于上颌骨前端，无毒牙的前面，蜂科、蝮科毒蛇属之。第二类为前沟牙类毒蛇。一对毒牙呈沟状，也着生于上颌骨前端，无毒牙的前面，眼镜蛇科、海蛇科毒蛇属之。第三类为后沟牙类毒蛇。一对毒牙亦呈沟状，但着生于上颌骨后端，无毒牙的后面。游蛇科蛇类大多是无毒蛇，但有十余种为后沟牙类毒蛇。

世间万物往往都是相生相克的，毒蛇也不例外。毒蛇再凶残、狠毒也有其劲敌与之抗衡，列举如下三组毒蛇与其劲敌的生死之战：刺猬与蝰蛇、老鹰与蝮蛇、獴与眼镜蛇。

刺猬与蝰蛇　刺猬属食虫目哺乳动物。一个原始类群，相当弱势，除本身具棘刺外，并无多大的攻击本领。蝰蛇则是管牙类毒蛇，具毒腺、毒牙，十分凶残和狠毒。如果说蝰蛇是攻击性的"矛"，那么刺猬便属防御型的"盾"。两者相遇，谁胜谁负呢？刺猬在蝰蛇面前决不示弱，常常是一反常态，露出其凶残的一面。开始它悄然躲在一旁，静观蝰蛇动态，然后趁其不防突然冲将上去狠咬一口，接着就是竖起棘刺缩为一团。蝰蛇见状，因无从下口，只好无奈地准备退却。然而刺猬立刻展开身躯抬起头来，又是猛然一口，随后又萎缩成团。蝰蛇经不住这样的反复折腾，疲惫之极又遍体鳞伤，连逃跑的力气也没有了。之后刺猬又连咬数口，直至将蝰蛇咬死，饱食一顿蛇肉大餐。当然，在场场生死决战中，刺猬也并非次次都能取胜，有时会被蝰蛇咬中头部，中毒身亡。然而蝰蛇面对满身是刺的刺猬，通常只能望而兴叹、无可奈何，打了胜仗往往也是白忙活一场。

老鹰与蝮蛇　老鹰学名为黑鸢，隶属于隼形目鹰科。特点是双翼下面各有一块显著白斑，尾呈叉状，是我国各地最常见的一种猛禽。鹰眼视力敏锐，是人眼的8倍，眼球调节完善，可由高空"望远镜"变为接近猎物时的"显微镜"。我国大连附近的"蛇岛"生存着数万条黑眉蝮蛇，为免于被老鹰啄食，常常与之进行殊死搏斗。其决战场面十分奇特。老鹰凭借其"望远镜"的视力，从高空能准确发现黑眉蝮蛇的爬动，于是它俯冲而下，用锐爪死死钳住黑眉蝮蛇。黑眉蝮蛇也并不示弱，猛回头一口咬住老鹰，于是一场惊心动魄的生死搏斗就此展开。老鹰施展啄、抓、摔的本领，黑眉蝮蛇发挥着毒牙、毒腺的威力。它们在搏斗中翻滚着、跳跃着。结果不是黑眉蝮蛇被啄、抓、摔而死，就是老鹰中毒丧命，或者两败俱伤同归黄泉！当然，老鹰往往是十战九胜，而黑眉蝮蛇则是九死一生。

獴与眼镜蛇　獴是食肉目灵猫科的哺乳动物。身体细长，四肢短小，尾长，头小，吻尖，牙齿长而尖利，和黄鼠狼大小相当或稍大。世界上有14种，我国有两种獴：爪蛙獴（红颊獴）和食蟹獴。

獴遇眼镜蛇后的搏斗也是惊心动魄。忽遇时，全身粗毛竖立，顿时显得身体大了许多。它机警地围住眼镜蛇不时地窜来跳去，并发出"叽叽"的叫声。眼镜蛇见此情景，已是忍无可忍。它怒不可遏地竖直头颈，展现出脖子上的眼镜斑纹，嘴里"噗噗"地喷着气，分叉的舌头猛烈而快速地吞吐着。眼镜蛇突然向獴狠狠扑去，然而獴机灵地一闪，躲过了攻击。獴连续在眼镜蛇周围进行挑逗，眼镜蛇再无计可施，只能转动头部盯着獴伺机再次反扑。经过几个回合后，竖立身体的眼镜蛇渐渐招架不住，疲倦极了，不得不俯下身子暂缓休息，然而就在这

眼镜蛇

一瞬间，獴猛扑而上，一口咬住眼镜蛇的头部。眼镜蛇挣扎着、翻滚着，意欲摆脱再次反击。但獴哪肯松嘴，它死死地咬住眼镜蛇头部，眼镜蛇随后身亡。两者间獴一般是胜利者，而且往往百战百胜。

当然，毒蛇的劲敌、天敌并非只有刺猬、老鹰和獴，黄鼠狼、犰狳、野猪等，都是它的敌手。

十三、响尾蛇何以能响尾？

响尾蛇是一种著名毒蛇，隶属于蝰蛇科响尾蛇亚科。分布于加拿大到南美洲的新大陆。全球有30余种，南美洲仅有一种，但整个洲都有分布。我国未见其踪迹。

响尾蛇之所以举世闻名，除系著名毒蛇外，主要是因具响尾而得名。响尾蛇的尾部末端有许多个角质环，数目因种类而异，一般成年响尾蛇常见的有6～10个环。这些环是由尾部不脱落的皮肤角质化所形成，响尾蛇每脱一次皮，尾上就形成一个内部中空的角质尾环，所以角质环的数目能随脱皮次数而增加。由于第八节响尾环及其附近的几个发声最为有效，所以响尾蛇常常自弃一些过长的响尾。在响尾蛇只有一个响尾环时，响尾是不能发声的，只有在形成几个疏松的响尾环后，才能发响。中空的角质环内由于充满空气，每当响尾蛇摇摆响尾时，所有响尾环便彼此作相反运动而发生相互撞击，结果使空气受到震荡而发出声来。响尾以40～60次/秒的频率加以传播，所以声音很响。

响尾蛇发声的生物学意义为何呢？有人认为响尾之声很像流水的声音，能够引诱口渴的小动物前来喝水而捕食之；有人认为响尾之声是用来吓跑天敌保护自己的；有人认为是用来威吓捕食猎物的；还有人认为是用以招引异性配偶的；等等。各种观点不一。尤其是响尾的意义在于求偶的观点常被人质疑。响尾蛇的求偶行为全靠其性腺分泌物来传递信息。英国一位生物学家曾做过相关研究，他捉到一条雌性响尾蛇，从其体内采集到交配期的性腺分泌物并涂在自穿的皮靴上，之后进山捕蛇。结果大批雄性响尾蛇被招引过来，几小时后竟捕捉到了30多条，从而否定了响尾蛇以尾响来招引异性配偶的说法。

响尾蛇一般不主动伤人，但在饥饿、求偶和惊恐时也对人展开攻

响尾蛇

击，所以要加强警惕。脚穿长筒皮靴可以防止蛇咬，手持棍棒、马鞭可以打草惊蛇。

另外，响尾蛇看起来很凶猛，其实它的生命也很脆弱。只要提起它的身体，就会轻易地使其颈骨折断；如将它置于中午阳光下暴晒十几分钟，也会致其全身痉挛而死。不过，响尾蛇的生命又是很顽强的，一次进食后，即使一年不再吃东西也不会饿死。

十四、蛇类的四种行为

吞食　蛇类在冬眠期不吃不喝，但出眠后从早春到晚秋，1～2周就要捕食一次。蛇的胃口很大，据说有人在一条30厘米长的游蛇胃里，竟剖出8只蛙类。蛇的耐饥能力特别强，饱食一顿后，竟能饿上半年甚至一年。蛇的食性广泛，蚯蚓、昆虫、蜗牛等无脊椎动物，以及蛙类、蜥蜴、鱼类、鸟类、鼠类等脊椎动物都吃。在猎食过程中，毒蛇的蛇毒能起到很大作用。

蛇的视觉、听觉不甚灵敏，特别是虎斑游蛇常常是等食送门，从不主动出击，而蛇类其他大部分是主动找食猎取，如"蛇岛"上的黑眉蝮蛇，经常隐伏在树枝上纹丝不动，头部伸向树梢窥视四周，一旦小鸟在树枝落脚，它便如被压缩又突然松开的弹簧，突然飞身出击，一口将其咬住，小鸟很快被吞吃了。毒蛇咬住猎物后，总是通过先注入毒液，等猎物死后再吞，但有时猎物未死而逃，它便利用头部的"犁鼻器"和"红外器"进行地面追踪，很快即能找到猎物并吞食。而无毒蛇捕捉到猎物后，不是活吞就是将其缠死后再吞食。一般蛇类能吞食比自身大四五倍的猎物，蟒蛇竟能吞吃小鹿、小羊。

它们为何有如此大的本领呢？原来蛇的左右下颌骨在腹面未能愈合，只由韧带松弛地连在一起，而且上下颌骨甚至腭骨、翼骨、方骨和鳞骨都是可动关节，所以口能张得很大，可达130°，所以能吞食大的猎物，甚至小鹿、小羊。不过，在吞食如此大的猎物之前，蛇往往做一些加工，先将猎物缠、挤为长条状，再从头部往后吞，借口腔分泌的大量唾液和食道的延展性，在颈肌的强力收缩下，将整个猎物吞入胃中。

爬行　蛇无四肢是一种次生现象，少数种类如盲蛇科蛇类尚保存着退化了的腰带，蟒蛇类还保存着残余的后肢，但绝大多数蛇类是没有脚的，那么，无脚的蛇类怎么能迅速爬行呢？原来，蛇的脊骨很多，连成一长串脊柱，能弯曲自如，而尾前椎骨上都有单头能动的肋骨连附着，在肋皮肌的作用下，肋骨能随脊柱左右弯曲而移动。而肋骨腹端游离，支持着腹鳞，所以

肋骨移动时，腹鳞也跟着移动，致使腹部贴地便能够爬行。如海蛇以桨叶尾进行划水游行，颇具特色。

繁殖　每年早春是蛇类的交配季节。雌雄交配时，二者缠绕在一起，雄蛇从尾基泄殖孔中伸出一对交接器，棒状，短粗，表面具肉刺，但只能用一个交接器插入雌性泄殖孔中。外行人常将这对交接器误认为是两只小脚，真是一个大笑话。雌雄交配时间一般长达数小时，还不一定能够受精，但精子能在雌性输卵管中保存数年不死，因此交配后单独饲养雌蛇，仍能在三四年连续产出受精卵。雌雄蛇交配时性情十分暴躁，一遇惊扰，便会猛烈攻击，尤其是毒蛇，如被其咬伤，中毒要比平时严重得多。

蛇类的繁殖有卵生和卵胎生两种类型。前者产卵，后者生蛇。蛇卵为大型羊膜卵。蛇类的产卵数因种类而异，一般从几个到几十个不等。大多数蛇类不会孵卵。卵产于树叶、草茎和粪堆中，靠发酵产热和阳光照射进行自然孵化。孵化期约3个月，幼蛇即能破壳出世。蟒蛇可以孵卵，它将身体蜷曲起来，把卵围在中间进行孵化。卵胎生蛇类不将卵产出体外，而是留在体内输卵管中孵

化。但胚胎营养并不与母体发生任何联系，仍来自卵黄本身，所以实质上还是卵生，只不过在母体内发育会受到更多的保护而使孵化率和成活率变得更高。一般说来，无毒蛇多为卵生，毒蛇多为卵胎生。

脱皮　脱皮是蛇类的正常生理现象。鳞片是一层死细胞，不能随蛇体生长发育而变大，又因在石堆、树干和草丛中的爬行而受到磨损，所以每隔2～3个月便要脱皮一次。脱皮从嘴唇开始，先磨开一个小缝，继而从头至尾依次脱下。脱下的皮膜称蛇蜕，脱皮的集中时间多在每年的3～4月，因为冬眠期已将全身营养消耗殆尽，出眠后必须四处觅食增加营养。由于吃得多，长得快，而原来的皮膜束缚了自身的生长发育，必须脱掉才能继续生长，所以春天的蛇蜕最多。蛇蜕还是一种中药，中医认为有"祛风定惊、退翳明目、解表消肿、杀虫疗癣"等功效。

十五、蛇类的医疗用途

中国的毒蛇类有211种，但对人类威胁较大的不过十余种，其中以分布广、数量多的种类危害最大。它们的生活环境、分布范围和活动时间都为食物因素所制约，如食鼠蛇类多在夜间活动，生活范围必是鼠类出没之场所。如果掌握了毒蛇的生活习性和活动规律并注意了野外工作方法，蛇伤是完全能够预防的。蛇类是一种宝贵的动物资源，而毒蛇虽毒但医疗用途广泛，一般说来不可见蛇必毙之，要在避免受伤的前提下，变害为利，合理利用。

蛇毒是毒蛇的毒腺分泌物，毒蛇咬物时经颞肌收缩压挤，将毒液沿毒牙的管、沟排出，注入猎物体内。新鲜毒液为黏稠状液体，化学成分复杂，主要是蛋白质类化合物，其中大部分是酶，小部分是非酶活性的毒蛋白，此外还有小分子量的肽类、核苷和金属离子等。所有的蛇毒可分为三种，即神经毒、血循毒和二者兼有的混合型毒。蛇毒中引发中毒致命的是其中的毒蛋白和小分子量的多肽。

蛇毒干物质即干蛇毒致人丧命的数量一般是：银环蛇1毫克，海蛇3.5毫克，金环蛇10毫克，大眼镜蛇12毫克，眼镜蛇15毫克，蝮蛇、响尾蛇25毫克，竹叶青蛇100毫克。毒蛇咬一口所射出的毒液干蛇毒量，因不同毒蛇种类而差异很大。如：银环蛇5.4毫克，海蛇6～94毫克，竹叶青蛇14毫克，金环蛇43毫克，蝮蛇45～150毫克，蝰蛇72毫克，响尾蛇30～240毫克，大眼镜蛇100毫克，眼镜蛇211～578毫克。总之，毒性强烈的毒蛇，每次射出的毒液，都足以使人丧命。

蛇毒虽毒有的用途广泛，最成功的应用是临床治疗。因为蛇毒具有如下功效。一是抗凝血作用。眼镜蛇科的蛇毒具磷脂酶A_2和蝰科的蛇毒因含类凝血酶而能起到抗凝血作用。由于抗凝血，所以对心脑血管病患者有疗效。二是止血作用。日本从蝮亚科蛇毒中提取的凝血酶制成"爬虫酶注射剂"，

银环蛇

在静脉注射后，没有钙离子存在也能使血液凝固而止血，但不会诱发任何血管内凝血，所以不会引发血栓形成，这对血友病患者有很好疗效。三是镇痛作用。蛇毒中的神经毒素对坐骨神经痛、三叉神经痛、神经血管性头痛和风湿痛都有很强的镇痛效果。四是降压作用。国外从一种蝮蛇的蛇毒中分离出一种活性肽，能阻断血管紧张素Ⅰ向血管紧张素Ⅱ转化，从而降低人体血管紧张素的增压活性，因此可用于防治肾性高血压。

除蛇毒外，蛇皮、蛇肉、蛇胆，以及蛇骨、蛇血甚至蛇粪都是很好的中药材。蛇脱下的皮肤在中药里称为"蛇蜕""龙衣""长虫皮"，能治风湿、恶疮、疥癣、小儿惊风等。去除内脏晒干后的蛇称"蛇干"，泡在酒里就是蛇酒。尖吻蝮即五步蛇干能治风湿、麻风、半身不遂和毒蛇咬伤。蛇酒能活血、除湿、去风寒，市售的三蛇酒和五蛇酒都是治疗风湿的中药。蛇胆能明目，可治眼病和关节炎。蛇骨烧成灰可治赤痢，毒蛇粪能治痔瘘等。

十六、低等动物何以"雌大雄小"和"雄性早熟"

所谓低等动物，是指无脊椎动物，包括种类繁多、数量巨大的昆虫和脊椎动物的低等类群鱼类、两栖类和爬行类。这一庞大群体都是变温动物，它们进化地位低，身体结构比较原始，两性的个体差异在体型上往往都是"雌大雄小"，在性成熟上往往都是"雄性早熟"。何以如此呢？

众所周知，低等动物往往除了产卵、排精外，对后代多无任何保护性措施。卵子从母体产出后能否受精、孵化、成活和达到性成熟，基本上都是"听天由命"。有人测知，一条鳕鱼产下百余万粒的卵子，如果有一尾能够成活并达到性成熟就算不错了，足见其成活率是何等低下。要维持种族不衰，雌体必须以大量怀卵、产卵加以补偿，否则便有灭种的危险。而大量怀卵、产卵又必须靠物质基础作保证：一靠摄取大量食物作营养，并转化为形成这众多卵子的卵黄；二靠有较大的躯体，以具有足够空间容纳这众多卵子。事实证明，凡是个体大、产卵多的雌体，越能留下较多的后代，而那些个体小、产卵少的雌体，则因难以留下更多后代而被自然选择所淘汰。恰恰相反，雄体产出的精子与卵子相比，其体积大相径庭，这就无须再以躯体的足够空间作怀精、排精的前提。同时，由于动物的生长强度，性成熟前远远大于性成熟后，而"雄早雌晚"的性成熟规律导致雄性生长强度大的时间段予以缩短，这就构成了"雌大雄小"的另一个原因。反过来说，雄体小，则所需营养少，更有利于性早熟。情况表明，凡是个体小、性成熟早的雄性，必然因"捷足先登"获得与性晚熟的雌性更多交配机会，而那些个体大、性成熟晚的雄性，因姗姗来迟而易于错过交配良机，从而招致性淘汰的厄运。

以上可知，低等动物之所以"雌大雄小"和"雄性早熟"，都是自然选择的结果。

鸟类

一、大型海鸟——短尾信天翁

短尾信天翁是大型白色海鸟，隶属于鹱形目信天翁科。它们头大尾短，喙强大，尖端具钩，鼻孔呈管状，故又称管鼻类。又因双脚不发达，前三趾具蹼，后趾退化，不善地面行走。翼尖长，双翼展开将近四米，非常适于海上翱翔。除繁殖期外，短尾信天翁几乎终日在海空翱翔或栖居海上。国家一级保护动物。

信天翁是滑翔能手。即使西风怒号，巨浪排空，航海家视之为畏途的海洋，但却是短尾信天翁飞行生活的乐园。它们常年翱翔于惊涛骇浪之上，借助风势，能日行上千千米，是鸟类中的飞翔冠军。短尾信天翁的飞翔动力并非源于飞翔肌肉，而是来自洋面上空流速不同的海风。它们先飞到距海面较高的空中，那里风速较大，然后借助风力又顺风滑翔而下，在接近海面的一刹那，又转身逆风向上滑翔。由于海面的风速受到海浪摩擦而变得较为缓和，它们可依靠下滑的惯性再次升高到风速大的高空，之后再转身顺风下滑。如此周而复始不断下滑与上升，即可毫不费力地在海空回旋飞翔，一连数小时都不用扇动翅膀，风速越大，越飞得洒脱自如，哪怕在暴风雨中也是如此。

短尾信天翁寿命很长。平均寿命50～60年，最长者可活到80岁，是鸟类中的长命寿星。

短尾信天翁生长发育缓慢，幼鸟在海上生活7～8年才达性成熟，然后雌雄两性均飞回出生地寻找配偶，开始"恋爱"生活。当一只雄鸟飞过雌鸟头顶时，常常引吭高歌来呼唤和引诱对方，雌鸟听到后往往也"心领神会"，紧随雄鸟一起飞落地面。雌雄双方首先以喙接触，进行"接吻"，继而兴奋地跳起舞来，然后彼此为对方频频梳理羽毛。梳理

短尾信天翁

完毕，雄鸟率先引颈鸣唱，雌鸟迅速随声附和，这就是它们的自由恋爱过程。令人惊奇的是，这个恋爱过程可长达2～3年。在雌雄双方情投意合之后，便"海誓山盟""成家立业"，过起"生儿育女"的家庭生活。短尾信天翁成大群在北太平洋海岛上繁殖。短尾信天翁繁殖潜力很低，每两年才产卵一次，每次产卵仅1枚，孵卵期达2～3个月雏鸟才破壳出世。初生小雏虽身被绒羽，但尚需亲鸟反吐抚育数周方可离巢，因此是典型的晚成鸟。

短尾信天翁为一夫一妻的婚姻制度，在荒岛或海岸营集群繁殖，雌鸟产卵于地面土穴中，由夫妻双方共同孵卵。尽管短尾信天翁繁殖潜力低下，但由于夫妻双方通力合作，责任共担，又配合默契，加之几乎没有什么天敌，于是雏鸟成活率极高。这或许是短尾信天翁种族繁荣不衰的根本原因。

二、白鹭倩影

白鹭，鹳形目鹭科鸟类。特点是"三长"，即嘴长、颈长、腿长。与鹤类如丹顶鹤相比，许多人鹭鹤不分，常常指鹭为鹤，将白鹭林误为白鹤林。鹭、鹤的基本区别是：鹭的后趾长且位置较低，与前三趾处于一个平面上，趾间具蹼，且中趾爪内侧还有栉状突，如同一把小梳子，所

大白鹭

以鹭趾能抓握树枝，营树巢，可树栖生活；而丹顶鹤属鹤形目鹤科，其后趾小而靠上，与前趾不在一个平面上，且趾间也无蹼或蹼不明显，因此鹤趾没有抓握树枝的功能，只能在沼泽和草地生活，营地面巢孵卵。

白鹭体长约54厘米，通体白色，飞翔时缩颈伸足，颈弯曲为"S"形，而丹

顶鹤飞翔时是伸颈伸足，呈一直线。白鹭在头部、背部和上胸部都被蓑羽，毵毵如丝，故又有鹭鸶的美名。在繁殖期，白鹭头枕部长出两根长羽，飘垂于身后，其流畅、飘逸和潇洒的线条，给人一种美的享受。

鹭类中的最大者是苍鹭，别名"长脖子老等"。它身长近1米，常于水边抬起一只脚缩于腹下，另一只脚站于地面，呈"金鸡独立"状一动不动，长时间地"老等"。老等什么呢？老等鱼儿和水生小动物的到来，然后闪电般伸出长颈，以尖长的嘴将猎物叼住吞入腹中。

安徽皇甫山自然保护区山清水秀、鸟语花香。每当夏季来临，数以万计的白鹭，或在莽林绿树枝头站立，或在浅水中蹦跳漫步，或在沙滩上翩翩起舞，或在空中曲颈伸足飞行，那流畅的线条，那飘逸的倩影，令人心醉神迷。游人融入这白鹭林一景时，不禁咏出杜甫那经典的七言绝句："两个黄鹂鸣翠柳，一行白鹭上青天。"

在皇甫山自然保护区白鹭还是山林的忠诚卫士，喜吃森林害虫和田间的蝗虫、蚱蜢。1978年，皇甫山林场发生了严重虫害，白鹭没有辜负全场职工的养护之恩，它们将虫害及时扑灭，从而为保护区立下了奇功！改革开放以来，皇甫山的生态环境得到了充分保护，天然次生林和人工林之所以没有发生过虫害，是与白鹭难以分开的。

三、燕窝啊，燕窝！

燕窝，即雨燕目雨燕科多种鸟类的巢窝经剥离、漂洗和去除杂质而制成。能够营造燕窝的雨燕有许多种，如分布于东南亚、印度等地的南海金丝燕、爪哇金丝燕、白腰雨燕、小白腰雨燕等都能营造高质量的燕窝。这些鸟类的显著特点是其唾液腺十分发达，特别在产卵营巢期间能分泌大量唾液，将海藻、草茎、绒羽、泥土等巢材粘结成巢，以供产卵、孵卵、繁育后代。

金丝燕常筑巢于悬崖峭壁的凹陷处，人类往往难于到达和采集。每年春季产卵之前，金丝燕喉部的唾液腺更加发达，所筑之巢多为黏性唾液的凝固而成，洁白可爱，称为白燕；如巢被采，金丝燕重新第二次筑巢，此时的巢窝含有绒羽杂质较多，色彩暗淡，称为毛燕；如果毛燕又被采去，金丝燕仍不厌其烦一如既往地第三次筑巢，但第三巢因是呕心沥血，唾液量已显著下降，

燕窝

加之喉部部分血管破裂，所以巢窝血迹斑斑，故名血燕。由此看来，燕窝是多么来之不易！

　　燕窝有多少进补作用，在于其营养成分的质与量。换言之，在于唾液和海藻的质与量。例如，进口的爪哇金丝燕燕窝是所有燕窝的佼佼者，其主要成分是蛋白质和糖。这里的问题是，自然界中的悬崖峭壁上有多少个燕窝专供人类采摘，地球上又有多少金丝燕一再去营造燕窝，市售的燕窝保健品所含燕窝究竟有几何，谁能说得清楚？这其中究竟又有多大进补作用？只能划一个大问号！

　　然而，燕窝因价格昂贵给商人和采摘者带来了高额利润，致使燕窝几乎被采干剥净，那些雏燕只能大批夭折，金丝燕濒临灭顶之灾！

四、漫话笼鸟

每天东方欲晓，养鸟人就拎着鸟笼，甩着双臂，陆陆续续来到公园或树林。这些养鸟人多为老者，也有中年人。他们打开笼罩，将鸟笼挂在林木枝头，享受悦耳的鸟鸣声。

这些挂在枝头数十成百的鸟笼中、笼养的鸟儿可谓五花八门，但大多是雀形目中的小型鸣禽，这里介绍几种，以飨读者。

画眉　中外著名的笼鸟。雀形目画眉科噪鹛属鸟类。因眼部周围有一形似蝌蚪的白色眉斑，从眼向后弯曲延伸，如同画得一道眼眉，故名画眉。分布于中国南部和越南及老挝的北部。

画眉

画眉的鸣声婉转悠扬，音韵丰富，十分悦耳，而且还能模仿其他鸟类的鸣声。在繁殖期间，雄性之间为争夺配偶，还常常大打出手。画眉自古以来，就是著名的鸣禽和观赏鸟，也最能打动诗人的心："婉转娇音人已醉，不须龙女唱歌来。"

画眉喜单独活动，有时也结为小群，性机警胆怯，常躲藏于绿荫中不露峥嵘，所以往往只听其声，不见其影。

画眉4～7月交配产卵，卵色宝蓝，犹如蓝宝石，晶莹可爱。主食昆虫，只有秋冬季节才吃植物种子，所以是农林益鸟。

鹦鹉　鹦形目鹦鹉科鸟类。羽毛华丽，能仿效人言而著称于世，自古以来就是人们喜爱的笼鸟。我国鹦鹉种类约有7种，其中以绯胸鹦鹉为多见。我国多分布于西藏南部、四川南部、云南、广西等。

鹦鹉嘴短而厚，上嘴钩曲将下嘴盖住。羽色上红下绿，十分美丽，趾为对趾型，即两趾向前两趾向后而呈对立状态，鹦鹉以嘴相助，特善攀缘，又是著名攀禽。

鹦鹉鸣声粗粝响亮，并不好听，但在笼养条件下，却能仿效人语，被称为"巧舌"冠军。为什么它能"鹦鹉学舌"呢？一是它的鸣管比较完善，有4～5对鸣肌使鸣管中的半月膜回旋振动；二是其舌肥厚柔软，犹如人舌，因此能惟妙惟肖地模仿人语。唐诗有言"含情欲说宫中事，鹦鹉前头不敢言"。其实，宫女说的风流事，鹦鹉半点也不懂。有时客人刚来，鹦鹉便喊"再见，再见"，而在客人走时，鹦鹉却说"欢迎，欢迎"，弄得主客之间十分尴尬。总之，鹦鹉学舌只是一种本能，并不懂真意。

鹦鹉

鹦鹉常在山麓常绿阔叶林结群活动，种群多达数万只。平时食植物嫩芽和果实，秋收时则成群掠食稻谷，所以对农田有害。

八哥　南方的常见留鸟。雀形目掠鸟科鸟类。八哥羽毛并不美丽，通体漆黑，但有绸缎般的光彩。额前有一撮冠羽，它的初级覆羽尖端和初级飞羽基部为白色，从而形成明显的白色翼斑，展翅飞行时尤为明显，从下面看如同一个"八"字，故名八哥。

八哥遍布平原田园、村落和山林边缘，性喜集群活动，常常一来就是数十只上百只，鸣声嘹亮，颇具灵性，能模仿其他鸟类的鸣声，也能仿效人言。

八哥是江南一带普遍饲养的笼鸟，虽然它的羽色不美，但是很可爱，加之能仿人言鸟语，颇受人们青睐。八哥幼鸟聪明、顽

八哥

皮，捉来养在笼里，喂以豆腐，并每月修剔一次它的舌头，5～7次后，就能仿效简单的音节、语句。八哥主食多种害虫，对农林有功，是一种益鸟。

百灵　雀形目百灵科鸟类。后趾爪特长，雄鸟鸣声嘹亮、婉转动听，且能学其他鸟叫，是著名笼鸟。内蒙古草原是百灵的故乡。由于草原缺乏树木，百灵只能栖居地面，在地面草丛的凹坑中筑巢孵卵。百灵从早到晚都在歌唱，是草原的明星歌手，那婉转悦耳的歌声，给草原牧民带来了无限的生机和欢乐。

百灵

百灵鸟不但歌声动听，雄鸟求偶时还有复杂的飞行炫耀。它们还能在飞行中"悬停"，可与南美洲生活的蜂鸟在花前"悬停"相媲美。

此外，内蒙古草原还有沙百灵和凤头百灵，它们与百灵都是著名笼鸟。

黑枕黄鹂　雀形目黄鹂科鸟类。又称黄鹂、黄鸟、黄莺，通体金黄色，翼、尾黑色而具黄斑，头枕部有一道宽阔的黑纹，故名。

黄鹂

黑枕黄鹂主要生活于平原地带，也栖在山岳丘陵地区的山林、村庄，是一种典型的树栖鸟类，极少落于地面。黑枕黄鹂鸣声婉转多变，清脆而有韵调，被称为"春天的歌手"。

黑枕黄鹂是夏候鸟，每年5月中旬由南方飞到华北，开始配对繁殖，秋季飞往南方越冬。在江南一带，黑枕黄鹂多栖居于杨柳树间，所以有"两个黄鹂鸣翠柳，一行白鹭上青天"之诗句。

千余年来，人们饲养笼鸟已沿革成习，至今仍昌盛不衰。从林中捉回的幼鸟或从鸟市买来的成鸟，置于笼中时，它们往往胆怯、紧张、焦躁、不安，养鸟人必须格外耐心，要沉住性子，多观察、勤思考，尽快掌握它们的生活习性，特别是食性方面。食性有硬食、软食和生食之分。硬食主要为植物种子，软食主要是昆虫、浆果，生食主要为肉类。其实，大多数笼鸟多为硬食、软食兼有的杂食性，给些粟谷、碎米，再拌些煮熟的鸡蛋碎渣就可，也可到田野捉些小虫如蝗虫、蚱蜢等喂养。经过一段时间的观察与操作，在笼鸟饲养的及时投食和补充饮水，养鸟人无形中克服了急躁心理，性格也逐渐变得沉稳。养鸟人在越来越喜鸟和亲鸟的过程中，其语言、动作和口令都会成为指挥鸟儿的行动信号。

人到老年，拎着鸟笼到公园和山林走走路，爬爬坡，赏赏绿，捉捉虫，呼吸呼吸新鲜空气，不但身体得到了锻炼，精神得到了放松，而且享受了乐趣、陶冶了情操。难怪有些养鸟人说："鸟一叫，眯眯笑，养上一笼鸟，神仙比不了。"

五、鸟蛋大小的制约因素

鸟类种类繁多，数量大，鸟蛋的大小差异也悬殊，主要受下列因素的制约。

①鸟蛋大小是种的属性，受种属制约。同种的鸟蛋大小相仿，异种的鸟蛋大小悬殊，如非洲鸵鸟蛋重约1.5千克，相当于27个鸡蛋，堪称"鸟蛋之冠"；南美蜂鸟蛋仅约1克，是鸟蛋中的"侏儒"。

②鸟蛋大小与其母鸟体重成正相关规律表现，即鸟大则蛋大，鸟小则蛋小。就鸟蛋的绝对重量而言，所有鸟蛋都按这种规律表现，但以鸟蛋的相对重量来说，鸟蛋大小与母鸟体重的正相关规律又不完全尽然。如非洲鸵鸟蛋虽大，但仅为母鸟体重的1/60；柳莺虽小，其蛋重却是母鸟体重的1/8；新西兰几

维鸟蛋为母鸟体重的1/4。可见真正的鸟蛋冠军不应是非洲鸵鸟蛋，而应该是新西兰几维鸟蛋！

③早成鸟蛋比晚成鸟蛋大，是众所周知的事实。何为早成鸟？雏鸟出壳后就已经发育完善，羽毛丰满，腿脚直立，双目圆睁，能离巢随亲鸟觅食。早成鸟之所以"早成"，完全是由于它的蛋大、卵黄多，能为胚胎时期提供充足的营养使然。这就是早成鸟蛋大的根本原因，也是早成鸟鸟巢简陋的缘故。不然的话，雏鸟早被天敌所捕食，为自然选择所淘汰了。何为晚成鸟呢？雏鸟出壳后，胎儿发育不完善，全身光裸，双眼紧闭，腿脚无法站立，必须留巢由亲鸟哺育，继续完成后期发育方能离巢。晚成鸟之所以"晚成"，是由于它的蛋小、卵黄少，不能为胚胎时期提供充足的营养使然。这就是晚成鸟鸟蛋小的原因，也是晚成鸟鸟巢严密而隐蔽之缘由。尽管巢外动荡不安，雏鸟在这种鸟巢中却可以无忧无虑，不必提心吊胆，安然躲过敌害。

早成鸟蛋大、晚成鸟蛋小的客观规律，也并不放之四海而皆准，如鹱属鸟类为晚成鸟，其成鸟体重为700克，但它的蛋却超过100克，为母鸟体重的1/7；而早成鸟的渡鸭，成鸟体重为625克，它的蛋只有70克，仅为母鸟体重的1/10。

④鸟蛋大小与其窝卵数成负相关规律表现，即窝卵数多的鸟蛋小，窝卵数少的鸟蛋大。所谓窝卵数，是指母鸟繁殖期间在巢内所产的满窝卵数目。在大量实际观察中，这个相关规律有时也不完全如此，如大型蛇雕每窝只产一个蛋，即窝卵数为1，按说它的蛋应该较大，但实际上仅有135克，为母鸟体重的1/14；而重量约500克的鸳鸯，它在一个巢里可产13个蛋，即窝卵数为13，按说它的蛋应该小些，但实际上每只蛋重达46克，约等于母鸟体重的1/10。

⑤人工驯化、培育，即人工选择也是鸟蛋大小的制约因素，形形色色的卵用型家禽都是如此。

综上所述，笔者认为，鸟蛋大小常常受种属、亲鸟大小、早成与晚成、窝卵数和人工选择等因素制约，并按一定相关规律表现。如果鸟蛋大小不受上述单一因素影响，也是由于上述因素的综合制约和影响，使单一因素难以发挥作用的结果。

六、试析鸟类产卵

窝卵数　雌鸟在繁殖季节所产的满窝卵数目，称窝卵数。每种鸟类通常有一个稳定一致的产卵幅度，同种鸟类基本相同，异种鸟类差别较大。某些大型猛禽如兀鹫、琴鸟、信天翁等，其窝卵数为1卵/窝；鸠鸽、潜鸟、鹤等为2卵/窝；燕、画眉等鸣禽为3～5卵/窝；绿头鸭为8～10卵/窝；灰山鹑为12～26卵/窝。

绿头鸭

孵卵斑　孵卵亲鸟腹部羽毛脱落后露出的皮肤，称孵卵斑。孵卵斑在孵卵前即已形成，其上具感觉点。孵卵斑数量因种类而异，同种鸟类基本相同，不同鸟类的孵卵斑数量、位置和形状不同。雀形目、鸠鸽类、猛禽等，腹部中央具一个孵卵斑，称中央孵卵斑；海雀、贼鸥和许多行鸟形目鸟类，腹中线两侧各具一个孵卵斑，称侧孵卵斑；一些涉禽、鸡类、鸥类则是腹部具一个中央孵卵斑和两个侧孵卵斑。

鸟类有三种孵卵方式，孵卵斑也不同。具雌性孵卵方式只有雌鸟才具孵卵斑，如大多数鸡形目鸟类；具雄性孵卵方式只有雄鸟才具孵卵斑，如红颈瓣蹼鹬和黄脚三趾鹑；具双亲孵卵方式则雌、雄鸟均具孵卵斑，如家燕、椋鸟等。

少数鸟类不具孵卵斑，如鲣鸟、企鹅等。鲣鸟孵卵是站在卵上以足蹼给卵加热，企鹅则将卵置于脚面之上，再覆以腹部下垂的皮褶进行孵化。

定数产卵和非定数产卵　有些鸟类在繁殖季节只能产生一个固定数目的窝卵数，其巢内之卵不论有否损坏和丢失，雌鸟绝对不再补产，这种产卵习性称为定数产卵，如斑鸠、鸽子、银鸥、家燕、喜鹊等。另一些鸟类，如巢卵遭遇破损或丢失，雌鸟会在巢内继续补产，以达到正常的窝卵数为止，这种产卵习性称为不定数产卵，如鸡形目和雁形目鸟类，以及麻雀、鸳虎皮鹦鹉等。

那么，为什么窝卵数在同种鸟类基本一致而异种鸟类却差距极大呢？这是由雌鸟孵卵斑上面的感觉点所引起的。雌鸟的孵卵斑及其感觉点数目皆由遗传所决定，当雌鸟坐巢产卵时，如窝卵数已满，即通过孵卵斑上面的感觉点向中枢神经发出信号，从而抑制排卵的神经内分泌活动，于是停止产卵；如窝卵数不足，雌鸟则持续处于兴奋状态而连续排卵，直至满窝。这就是同种鸟类具有恒定幅度窝卵数的根源。

企鹅

对于非定数产卵的鸟类而言，雌鸟在坐巢产卵当中，如巢卵遭遇破损或丢失，能及时通过孵卵斑上面的感觉点查知，进而强化神经内分泌活动而持续排卵补产。有人利用非定数产卵鸟类的这种补产习性进行实验，每天从野鸟巢中偷取一枚卵，得到实验结果如下：麻雀连续产出了57枚卵；山鹑产出了128枚卵；普通扑动䴕在73天内产出了71枚卵；潜鸭在158天内产出了146枚卵。

这个实验表明，补产习性可促卵更高产。在利用鸟类补产习性促卵高产操作中，要把握两个要点：一是必须每天一个一个偷取，不能"一窝端"；二是不能一味地追求高产数量，要适当加以控制，一旦发现卵质下降或受精率、孵化率降低，就必须停止产卵，以维护和保障种鸟的健康和来年的繁殖稳定。

在当今的家禽饲养中，家禽能全年连续不断地产卵，也正是人类利用它们的原祖"不定数产卵"的补产习性而创造的结果。

七、从野鹑驯养到家鹑产业

野鹑即野生鹌鹑，隶属于鸡形目雉科鸟类中，是本目中个体最小的一种，候鸟，狩猎鸟类。野鹑主要分布于亚洲东南沿海、地中海沿岸、澳大利亚和北美等。野鹑昼伏夜出，以谷物、草籽、草叶和植物嫩芽为食，繁殖季节也吃昆虫和其他小型无脊椎动物。迁徙时常于夜间乘风飞行。能作长距离远征。雄鹑极为好斗，繁殖季节为争夺交配权相斗得异常激烈。野鹑约有20种，我国有两个亚种，一是指名亚种，繁殖于新疆，越冬于西藏南部和昌都西南；二是普通亚种，即人

鹌鹑

们习称的野鹌鹑，主要生活于内蒙古和东北地区。

家鹑即家养鹌鹑，由野鹑驯化而来，是养禽业中最小的禽种。经长期改良培育，家鹑较野鹑发生了很大变异，如家鹑颜色变深，体长变短，体重增加；繁殖力提高，但丧失了抱窝就巢的习性，故种卵需要人工孵化；暴躁和长途跋涉的习性也变为极贪食并失去迁徙能力。家鹑体型和野鹑相比，已由"雄大雌小"变为"雄小雌大"，颠倒了过来。这是由于在长期饲养管理过程中，种公鹑数量在

种群中受到严格的人为控制，不存在"雄性相斗"一说使然。成年卵用型家鹑体重100～150克，肉用型体重200～250克，卵重8～10克。体色以麻粟羽为基本色，也有白羽、黑羽、银黄羽和红羽等色。家鹑外形酷似雏鸡，头小喙长尾巴短，由于翼长，能将尾羽遮住，故俗称"秃尾巴鹌鹑"。

经过长期的杂交改良和选种选育，全球已有20多个家鹑品种。肉用型主要有法国肉用鹑、美国加利福尼亚鹑、英国白鹑、澳大利亚鹑等；卵用型主要有日本鹑、朝鲜鹑、法国白鹑、菲律宾鹑、北美鲍布门鹑、大不列颠鹑等。

我国饲养的卵用型品种，有些是从日本鹑长期自繁选育而成的地方品种，如北京莲花池养鹑场育成的北京系、上海新泾乡养鹑场育成的上海系，其生产性能都接近了日本鹑。这里值得一提的是，北京养鹑场育成的隐性白羽纯系，并配套制种，形成了"自别雌雄配套系"，这是国内外首次培育出的具有较高经济价值和学术价值的自别雌雄配套系。其改良过程是这样：灰褐色的朝鲜鹑在我国长期饲养繁育中，有些个体发生了突变，出现了白羽鹑。经过几年的选育扩群，建立了白羽鹑的基础群，其母鹑幼年时为淡黄色，成年时才变为白色。白羽属隐性，伴性遗传。以白羽母鹑与褐色公鹑交配，子一代均为褐羽，因此只能以褐羽公鹑与其亲代的白羽母鹑回交，才能得到白羽公鹑。以白羽公鹑与褐羽母鹑交配，产生的子代可以"自别雌雄"，即白羽的均为母鹑。由于能"自别雌雄"，所以白羽鹑的种用价值和经济价值大为提高。

总之，经过半个世纪的饲养、改良和发展，世界养鹑业已成为养禽业中仅次于养鸡业的第二大产业。

八、中国第一鸟——朱鹮

朱鹮，隶属于鹳形目鹮科鸟类。朱鹮为东亚特产，其分布区域北起俄罗斯东南沿海，南至我国海南岛和台湾，西达秦岭，东至日本诸岛。被誉为"东方宝石"，我国一级保护动物。朱鹮全身羽毛洁白，但双翼近看又有橙粉色的美丽色彩。嘴黑色，细长而下弯，尖端有一点猩红。额部、眼圈和嘴基裸露无羽，呈橙红色。腿粗壮呈亮红色，较鹭、鹤为短。朱鹮飞行时，头向前伸，腿向后伸，双翼鼓动缓慢而有力，姿态十分优美。朱鹮多在浅滩、溪流和沼泽地上以长嘴啄食虾、蟹、鱼、蛙和软体动物，也常在水田里觅食泥鳅。春季在高大的松、杨树上营碗状巢，产卵，雌雄轮流孵卵。秋季天冷后，迁徙到南方和海南岛越冬。

朱鹮

据相关报道，在日本生活的朱鹮，1934年约有100只，到了1936年只剩27只，1952年尚有24只，到了1960年仅剩下6只。为防止朱鹮绝灭，国际鸟类保护委员会（ICBP）第12次会议向日本政府强调必须全力进行保护。1962年，日本政府设立了朱鹮保护中心，1964年朱鹮增至10只，1972年增至12只。由于雏鸟死亡率高，到1979年，还有6只朱鹮活着，其中1只还是笼养，只有5只为野生，而且五年没有繁殖后代了。在朝鲜，1974年于板门店发现4只朱鹮，1977年还剩2只，到了1978年4月，已经只剩1只了。1981年前朱鹮已经基本绝迹，多年来未见其踪影。人们普遍认为，世界上的野生朱鹮已经灭绝。1981年5月突然传来喜讯，于陕西省秦岭南坡的洋县再次发现了7只朱鹮，当时轰动世界。

2003年，在陕西省"省鸟"评选活动中，朱鹮以绝对优势当选。为了拯救濒危的朱鹮，原林业部在此处建立了朱鹮繁育中心，陕西洋县也兴建立了"陕西洋县朱鹮保护观察站"后改为陕西朱鹮保护站，以保护其自然种群。之后，在科技人员和当地群众的精心保护下，不仅每年都能顺利繁殖，其分布还从洋县扩展到省内的城固、佛坪、西乡、南郑等县，栖息范围超过了3000平方千米。1990年前后，自然种群数量已上升至50只左右，1996年增加到了80只，至2005年，自然种群发展到270多只，人工种群发展到260只左右。

北京动物园中也有朱鹮繁育中心。曾先后从洋县捕到3只朱鹮进行人工饲养、繁殖，1989年在世界上首次人工繁殖朱鹮成功。截至2001，北京动物园已人工繁殖朱鹮20多只，人工饲养和野外朱鹮总数超300只。自20世纪90年代起，我国还曾陆续向日本、韩国赠送朱鹮，帮助进行种群恢复和繁殖研究等。

据2011年5月23日的相关统计，我国朱鹮种群总量已经升至1600多只，截至2013年10月，其种群总量已发展到2000余只。中国人在欣慰的同时，非常欣喜地看到了朱鹮种群的发展前景，我国保护朱鹮的成功和经验举世瞩目，令世界各国及其动物保护组织刮目相看。

九、我国几种濒危鸟类的保护状况

我国鸟类约有1300种，是鸟类资源最丰富的国家之一。我国鸟类不但种类繁多，拥有许多特产珍禽，还有一些享誉世界的著名珍禽如朱鹮、丹顶鹤、白鹤、白鹳等也在我国多有分布。然而一个多世纪以来，由于人类的影响，严重破坏了鸟类赖以生存的生态环境，致使近百种鸟类在地球消失，还有百余种鸟类的生存受到威胁而濒临灭绝。为挽救濒危鸟类和保护鸟类资源，国际上成立了世界自然基金会（WWF）、国际鹤类基金会（ICF）等组织，我国自1981年开始，在每年的四月或五月的第一周，全国各地都开展了各种形式的"爱鸟周"活动，大力宣传爱鸟、护鸟的重要意义。1988年，我国颁布了《中华人民

丹顶鹤

共和国野生动物保护法》，为保护我国的鸟类和其他动物资源提供了法律依据。全国各地的多个自然保护区都设立了保护鸟类的实验站和繁殖中心及科研机构。可以说，在保护鸟类资源的工作中，特别是在挽救濒危鸟类方面，取得了一些可喜的成果。选择下面的几种一级保护鸟类级保护鸟类，让我们来看看它们的保护状况吧！

　　丹顶鹤　　鹤形目鹤科鹤属的一种。因头顶裸出，呈朱红色，如同一顶红帽子而得名，又因古人常视其为神仙的伴侣和坐骑，故又有"仙鹤"的美称。在我国，丹顶鹤主要繁殖于东北地区。1979年，在黑龙江省齐齐哈尔市郊建立了扎龙自然保护区（后为扎龙国家级自然保护区），不但保护当地的野生种群，还开展了人工饲养繁殖工作，并获得成功。丹顶鹤的人工孵化率可达78%，成活率可达73%。我国的丹顶鹤本来在夏季于黑龙江繁殖，冬季要迁徙到长江以南越冬。而今在人工饲养驯化的基础上于扎龙国家级自然保护区建立了一个终年留居并能繁殖的实验种群。在江苏盐城，也建立了丹顶鹤自然保护区。

　　说到丹顶鹤，顺便介绍一个小知识。自然界的丹顶鹤，双翼以白色为主体，但次级飞羽和三级飞羽是黑色，而且长而下弯呈弓状，站立和行走时，因双翼折叠便将黑羽覆盖于白色短尾上面，所以经常有人误认为是其尾羽，于是在意识上便出现了"黑尾巴"。作者曾在一所大学校园见过一个"黑尾白翼丹顶鹤"雕塑——白色的双翼展翅欲飞，露出了"黑色"的尾羽。显然，雕塑的作者将黑色的次级和三级飞羽误为了尾羽使然，从而出现了自然界根本没有的"黑尾白翼丹顶鹤"。

　　黑颈鹤　鹤形目鹤科鹤属的一种。全世界共有15种鹤类，我国占了9种，

黑颈鹤

黑颈鹤是生活于高原地区的唯一一种鹤类。在中国，繁殖于西藏、青海、甘肃和四川北部，越冬于西藏南部、云南等地。据1985年调查，我国境内的黑颈鹤约有800只左右。为保护黑颈鹤，贵州省建立了草海国家级自然保护区。在1986年，青海省西宁市人民公园通过自然交配繁殖黑颈鹤首获成功。1987年，北京动物园通过人工授精繁殖黑颈鹤也获成功。2006年，我国黑颈鹤的野生种群数量已达1200多只，全球共计6000只左右。

　　褐马鸡　鸡形目雉科马鸡属的一种。中国特有种。由于长期的人为捕杀，野生种群数量急剧下降，分布区迅速缩小，现仅见于河北西部和山西北部山区，已成为一个濒临灭绝的物种。中国国家重点保护鸟类。

　　由于褐马鸡濒临灭绝，为拯救这个物种，我国已先后建立了庞泉沟、芦芽山和小五台山三个自然保护区。现在保护区内的褐马鸡自然种群，其数量已有明显回升。至2006年，河北已增至3000只，山西已增至2000只。马鸡在我国有三种，除褐马鸡外，还有产于青海、甘肃的蓝马鸡和产于四川、西藏的白马鸡。

　　另外，我国还有如黄腹角雉、绿尾虹雉等其他濒临灭绝的特产珍禽，相信

会与上述介绍的珍禽一样，逐步实现更多的自保护措施，其自然种群也定会尽快恢复和发展，最终与人类和谐相处，共同生活在这个绿色星球上。

十、相思鸟与太阳鸟

相思鸟　隶属于雀形目画眉科。共有红嘴相思鸟和银耳相思鸟两种。红嘴相思鸟其体型大小如同麻雀，名气很大，是驰名中外的观赏鸟。红嘴相思鸟体态轻盈，羽色华丽，玲珑小巧，活泼可爱，因其嘴色鲜红，又有红嘴鸟、红嘴玉、红嘴绿观音的芳名；银耳相思鸟与红嘴相思鸟相似。若以其体态作为造型艺术加以品评，相思鸟简直就是大自然创造的一件生命艺术品。加上它那"啾啾"的歌鸣，就更加优美动人，令观者不忍离去。

相思鸟常在竹丛中成群活动，主食植物种子。相思鸟生

相思鸟

活于我国华南沿海地区，从低海拔到高两千米海拔的山地灌木丛和竹林中，都能见到它们的芳踪。相思鸟常雌雄成双成对活动，双栖双宿，形影不离。它们或偎依枝头，或比翼蓝天，犹如一对情意缠绵的情侣。

相思鸟在树林中的荆棘或树枝上筑巢，形状如杯，以竹叶、叶梗、杂草、苔藓构成。四月下旬开始繁殖，每次产卵3～5枚，雌鸟孵卵，孵化期12～15天。

太阳鸟　隶属于雀形目花蜜鸟科。我国有6种。云南西部有黑胸太阳鸟，西双版纳南部有黄腰太阳鸟，四川西部有蓝喉太阳鸟，武夷山自然保护区叉尾太阳鸟，等等。

太阳鸟体形娇小纤细，大小如蚕豆或稍大。它们的喙细长而尖，有的向

下微弯，先端具锯缘；舌呈管状，伸缩自如，先端分叉，专以花蜜为食，也兼吃昆虫，因此被誉为"亚洲蜂鸟"。太阳鸟雌雄异色，雌鸟橄榄绿色，雄鸟羽色华丽且具金属亮光。雌鸟在树梢营巢，以苔藓、毛羽和植物纤维编织为袋状巢。春季雌鸟产卵2～4枚。卵色纯白，如同光润的明珠，有的在卵表面散落着暗褐斑点像美丽的小卵石。

十一、为什么一般雄鸟的个头比雌鸟大？

在自然界中，鸟类的身体结构比较复杂，是体温恒定的常温动物。在两性个体上，一般都表现为"雄大雌小"和"雌性性早熟"的特征。雄鸟为了争夺交流权，在与其他雄性的争斗中占得优势，自身体型越大越强势。

鸟类由于配偶制和雄性相斗的不同，可导致鸟雌雄个体的大小、外表美丽的程度呈现诸多差异：

①实行"一夫多妻制"的鸟类。例如鸡形目，雄鸡为占有和保住一群妻子，既要经常与入侵的其他雄鸡"浴血奋战"，还要在领地内带领妻儿奔走觅食，更要为取悦、媚惑雌鸡而炫耀"舞姿"，甚至"卖弄歌喉"。从"孔雀开屏"可见，雄鸡之美丽，实在令人叹为观止！雄性大而美便成了鸡形目鸟类的鲜明特征。

②实行"一夫一妻制"的鸟类。如果是小型鸟类，则雄性之间彼此相斗甚少，加之因两性个体较小，必须双方通力合作才能完成繁衍任务，这便导致雌雄双方大小相当，使"雄大雌小"的特征难以体现。而色彩则是：或者雌雄双方均较暗淡，如麻雀、家燕；或者雌雄双方均较鲜艳，如金丝雀、黑枕黄鹂和相思鸟。双方暗淡者利于共同孵卵，避免遭遇敌害，而两性鲜艳者则作为警告色，使敌害产生恐惧感。如果是身形较大的鸟类，如雁鸭类，由于雄性之间彼此相斗较少，所以两性个体大小的差异也不大，但孵卵、育雏的任务由雌鸭分担，由此造成雌鸭羽色暗淡，而雄鸭羽色则显得相对漂亮。

③实行"一妻多夫制"的鸟类。因雌鸟之间彼此相斗并取悦和媚惑雄性，以及雄鸟承担孵卵任务，其两性个体大小及体色与"一夫多妻制"鸟类相反。这种鸟类很少，黄脚三趾鹑即是典型。在生殖季节，平时和睦相处的雌鸟姐妹便会反目，为争夺一群"丈夫"而大打出手，取胜的雌鸟独占"领地"，称王称霸，与夺来的"丈夫们"欢度蜜月，而孵卵的任务则

由"丈夫们"分担。由于雌鸟相斗和雌鸟向雄鸟献媚，导致雌鸟个体变大、变美，而雄鸟不相斗和分担孵卵，则会造成个体变小和羽色变淡。

从上可知，鸟类中相斗者和献媚者一方都体大而美，凡孵卵者和不相斗者一方则都羽色暗淡，体型也小，前者是性选择和两性生殖分工的产物，后者是自然选择的结果。

十二、鸽子也是"同性恋"？

家鸽的祖先是原鸽。换言之，原鸽经过人工驯养、培育和改良，慢慢变成了家养鸽——家鸽。家鸽的婚配习性并未改变，仍和原鸽一样，属一雄一雌的单配偶制。每当家鸽的性器官发育成熟后，鸽群中的个体便自行寻找对象，配对成婚。它们相互交配、共同筑巢、轮流孵卵和育雏，过起了出双入对的美满婚姻生活。然而有一个问题不可忽视，由于鸽群中存在一个与生俱来的"性比"规律：雌多雄少，导致其性比的暂时失衡，如不人工选取一些雄鸽为雌鸽配对，就会剩下一些雌鸽而成了一个"社会问题"。这些剩下的雌鸽迫于无

奈，便两两配对，搞起了"同性恋"，并创出"双雌生殖"的新花样。

这些"双雌"的"同性恋"——两个雌鸽的日常还真像夫妻生活那么回事儿，它们也一起交配、共同筑巢、产卵、孵卵和育雏。唯独的遗憾，由于它们的卵未受精卵所以孵不出小雏来。然而总会有个别的现象发生，有时候两只雌鸽还真能孵出后代来。这是怎么回事儿呢？

事实上，原来家鸽的婚姻并非如文学作品描写得那样：出双入对，忠贞不贰，永浴爱河，白头偕老。它们同人类社会一样，也会出现"婚外情"。两性轮流孵卵的家鸽，当雄性孵卵、雌性外出时，由于路遇其他雄鸽，偏偏自身正在发情，在雄鸽求偶行为的刺激下，很容易发生"婚外性行为"。既然轮流孵卵的雌鸽可以背着"丈夫"发生配对行为，那过着"同性恋""双雌生殖"生活的雌鸽在任何一方外出时，也会碰到同样的"外遇"。有了性行为，就会产出受精卵，这就是"双雌生殖"生活也能孵出小雏来的真正奥秘。

为了提高孵卵率，减少经济损失，振兴养鸽业，养鸽人必须解决鸽群中的所剩的雌鸽"问题"，要及时为雌鸽选择雄鸽配偶，把"双雌生殖"现象减少到最低程度。

十三、鸟儿的天堂——衡水湖

经过亿万年的地貌变迁，由黄河、漳河、滹沱河和滏阳河四条古河道冲积而成的冀中南平原，也同时相伴形成衡水湖，成了北国难得的一个植物茂盛、鱼虾成群和迁徙鸟类进行停歇的湿地生态系统，又被誉为"京南第一湖""京津冀最美湿地"和"东亚蓝宝石"。

衡水湖国家级自然保护区总面积187.87平方千米，蓄水面积75平方千米，相当于10个杭州西湖。衡水湖的水源，东线引蓄黄河水和岳城水库的水资源，西线引蓄岗南、黄壁庄水库的水资源。衡水湖周边河流属海河系的子牙河系，主要河流有滏阳河、滏阳新河和滏东排河，所以衡水湖是一个能纳能排能吞能吐的开放型内陆淡水湖。这片淡水湿地具有独特的自然景观，有草甸、沼泽、水域、滩涂和林地等多种生态系统，各种生物也具多样性，湿地鸟类丰富，为华北平原保存的完整的典型内陆淡水湿地生态系统自然保护区。2000年经国家林业局和河北省人民政府批准，建立河北省衡水湖湿地和鸟类省级自然保护区。2003年经国务院批准，晋升为国家级自然保护区。衡水湖国家级自然保护区以保护鸟类和鸟类环境、生物多样性和湿地生态系统为主要目标。

衡水湖国家级自然保护区

衡水湖地处衡水市境内，距京津石很近。保护区的湿地水体和水生植被不仅净化了空气，提升了含氧量，降解了环境污染，涵养了水源，成了当地居民和游客的一处天然氧吧，还改善了衡水湖周边包括京津石地区的生态环境，为人们提供了水源。衡水湖国家级自然保护区的独特地理位置和湿地景观，以及种类繁多的鸟类和历史悠久的灵秀山庄、兵法城、古城址和古墓等人文景观，都吸引着数以万计的观鸟者和观光客。

衡水湖国家级自然保护区是我国的主要湿地，充足的水源孕育了多样性的生物。根据相关资料记载，湖区有植物383种，昆虫416种，鱼类34种，两栖类6种，爬行类11种，鸟类310种，哺乳类20种。此外，还有浮游动物170多种，底栖动物23种。在鱼类中还新发现了一个新分布种，即颌鳊鱼。在310种鸟类中，属于国家一级保护的鸟类有丹顶鹤、白鹤、东方白鹳、金雕等7种；属于国家二级保护的鸟类有大天鹅、小天鹅、灰鹤等46种。此外，还有数万只以须浮鸥、黑翅长脚鹬等为主的夏候鸟在这里营巢繁殖，越冬的鹤类和雁鸭类也达万只以上。

衡水湖作为华北平原仅次于白洋淀的第二大内陆淡水湖，是这些候鸟南北迁徙八条不同路线的密集交汇区，它们在这里进食、停歇和中转。看吧，有在湖边芦苇荡中翩翩起舞、迎风展翅的灰鹤、白枕鹤、蓑羽鹤、丹顶鹤和白鹤；有四处寻寻觅觅、挑挑拣拣的黄嘴白鹭、白琵鹭；有在湖面上游弋的大天鹅、小天鹅和鸳鸯；有在天空迎风展翅、自由翱翔的苍鹰、乌雕；还有夜间才出来活动的红角鸮、灰林鸮、雕鸮等。但这里更多更多的是在芦苇丛中生活、做窝繁殖的小鸟，巢中各种形色的鸟卵随处可见。美丽的衡水湖，堪称鸟类活动的天堂，而鸟类也为这片热土带来了勃勃生机。人类爱护和保护鸟类，鸟儿就为人们唱歌跳舞，衡水湖如同镶嵌在华北平原上的一颗生物多样性的明珠。

今日之衡水湖，烟波浩渺。这里四季风景各异，保护区为观鸟者和观光客创建了一项新兴产业——生态科普观光业。在观鸟活动中，专业导游会讲解鸟类野外识别、爱鸟护鸟和环保知识，从而成了理想的科普宣传园地。在春、夏、秋季节，这里植物繁茂、荷花盛开、景色秀丽，又成了摄影、垂钓和休闲观光的好去处。游客在欣赏大自然美景的同时，又能深刻感受到爱护大自然、保护大自然及其生态环境和美好家园的重要性。

近年来，衡水湖国家级自然保护区不但得到了主管机构的高度重视，还吸引了国际自然保护组织的目光，国内高校和科研院所也在这里开展了科学研究。特别值得一提的是，当地政府还为衡水湖注入了体育文化，连年举办的环湖国际马拉松赛，吸引了几十个国家的青年朋友来此参赛，今后还将举办环湖国际自行车等系列赛事。通过"以赛为媒"，衡水湖已经成为提升人气、聚集产业，以及吸引投资、融资的体育文化圣地、国际马拉松赛事的平台！

衡水湖从历史中走来，历史还在继续。今日之衡水湖已非昔日之衡水湖，明日之衡水湖也将不同于今日之衡水湖。衡水湖必将更上一层楼，为自然保护区的保护、发展和可持续利用提供可靠的生物学依据，也必将成为吸引国内外游客观光的旅游胜地和促进当地经济发展的一个突出亮点。

　　衡水湖，母亲湖；衡水湖，鸟儿的天堂！

哺乳动物

一、挖洞能手——穿山甲

穿山甲是鳞甲目穿山甲科的哺乳动物。又名鲮鲤。因极善挖洞故美名"穿山甲"。它头部尖长、眼小、耳小，嘴巴也不能张大，且口中无齿，舌细而长，善于伸缩，用以舔食蚁类。穿山甲身体呈流线型，背面被覆角质鳞片，鳞片间有稀疏的粗毛。四肢粗壮，前肢较后肢稍长也更加有力，前足爪因常进行挖洞而长于后足爪，特别是前足的中趾爪特长，用以挖掘蚁穴。

穿山甲

穿山甲是挖洞能手，它以前足爪挖土，以后足爪刨土，挖洞速度很快，每小时可挖2～3米。挖洞时，它的前足爪把土掘松，再将身子钻进去，然后竖起鳞片倒退，与后肢一起配合，共同将挖松的泥土推拉出来。据测量，穿山甲每小时挖出的泥土重量等同于它本身的体重。

穿山甲栖居于山坡洞穴中，白天隐于洞内睡觉，傍晚出来觅食。冬季寒冷，它的洞内有弯曲的隧道，长达十余米。

穿山甲以白蚁和蚂蚁为食，它凭借灵敏的嗅觉到处寻觅蚁巢，当寻到蚁巢出口后便鼓起肚子用鼻子向巢内喷气，蚁群被迫放出大量蚁酸。穿山甲凭蚁酸的浓度和反馈回来的时间，能判知蚁巢的深度和蚁群的个体数量，进而以长吻伸进蚁巢，用富有黏液的长舌高速伸出缩回，将白蚁粘舔口中，吞入胃内。穿山甲同鸟类一样，口中无齿，但胃具角质齿和砂石颗粒，经摩擦来消化蚁食。穿山甲还有一种特殊本领，其身体有一股气味，能诱惑蚁群到自己身上，然后张开鳞片，将蚁收拢于鳞甲内，再到空地抖动身子，蚁类便纷纷落下，进而舔食之。

穿山甲能上树寻食白蚁。它以锐爪钩住树干，再用强大的扁尾抵住或卷住树干，便能爬到树上觅食。穿山甲食量很大，成年个体饱食后，其胃内白蚁约有0.5千克，相当于本身体重的十分之一。

穿山甲性情温顺，胆子很小。一旦遇敌，便把身子缩成一团，呈球状，并从肛门中喷出一股臭液，猎食者因无法下手，常悻悻而去。

穿山甲一般于5～9月间发情交配，随后转入洞穴妊娠、分娩、哺育，每胎多1～2仔，也有3仔的情况。翌年初春，幼仔即由母兽携带出洞，有时能见到母兽背着幼仔活动，甚至有3只幼仔争先骑在母兽背上的情景，十分有趣。

穿山甲大量取食白蚁，对林木、水利有利，它的鳞甲还能入药，《本草纲目》中也有记载。它已列入国家二级保护动物，我们应加倍保护。

二、北冰洋海域话白鲸

白鲸是生活在北冰洋海域的一种鲸类。其分布范围从阿拉斯加、加拿大、格陵兰到斯堪的纳维亚和俄罗斯，正好在地球北端围成一圈，属北极、亚北极物种，种群数量约有8万头。

白鲸

白鲸全身白色，体长可达5米，体重大约1.5吨，5岁左右性成熟，每3年产1仔，寿命20～30年。每年七八月的无冰期，它们常常数以百计地集群游至加拿大萨默塞特岛的河口。此时冰雪已经融化，白鲸在这里哺育幼仔，它们的乳量高，为奶牛的8倍。

冬季冰冻时，白鲸在西面集群至白令海的外面，东面集群去格陵兰沿岸。春季冰雪解冻后，白鲸就进入北冰洋。

白鲸潜水可深至6米，每隔10～20分钟浮出水面呼吸一次空气。它们集小群洄游，一天可游96千米。白鲸背部有一很长的皮肤脊，由坚韧的纤维组织构成，靠此脊能破穿7厘米厚的冰层，以其缝隙伸头出水呼吸空气。冬季气温下降至－20℃时，白鲸呼出的水气即刻凝成一圈冰圆顶，盖在它露出的头部上方，玲珑剔透，十分美观。所以白鲸只好从冰圆顶的孔隙中进行呼吸。

白鲸借自身的声呐系统来集群航行、定位、捕食和判断敌害。白鲸每年从加拿大沿格陵兰沿岸向南洄游期间，常常遭遇其"特殊天敌"——人类的捕杀，其捕杀数量高达700多头。除人类捕猎外，虎鲸和北极熊也是白鲸的天敌。一头饥饿的北极熊一次可杀死4头白鲸。威胁白鲸生存的还有工业污染，在白鲸的鲸脂中能测出20多种有毒物质，其中包括PCB（多氯联苯）和DDT（双氯苯三氯乙烷）。近年来，还从白鲸机体组织中发现了一种叫作mirex（杀蚊灵）的杀虫剂残留，这种杀虫剂被美国和加拿大禁止使用，但北极的环境污染问题已引起人类更多的关注。

三、军犬文尔内

关于军犬有这样一个故事。在第二次世界大战期间，军犬文尔内随苏联战士斯达罗一起服役，抗击德国侵略者。有一天，斯达罗带着一个班的战士在临近边境的山林里巡逻时，突遭德军袭击，牺牲在一个德军的枪口下。军犬文尔内见状，怒吼着扑向凶手，一口咬下了那个德军的三个指头，并口衔三个指头奔回驻地，然后又带领着斯达罗的战士亚历山大等，来到斯达罗身旁，把凶手的三个指头放到斯达罗胸前，伏卧在其身边。

德军投降后，亚历山大所在部队奉命驻守柏林市区，军犬文尔内成为亚历山大形影不离的"战友"。

又过了5年，有一天军犬文尔内跟随亚历山大上街执行任务，一个身穿便服的德国人从他们身边走过时，文尔内先是驻足一愣，旋即腾空而起，狂叫着扑向这个德国人，死死地咬住其领口，将他掀翻在地，拼命地撕咬，任凭亚历山大如何奋力制止，都无法抑制住文尔内的狂怒。前后仅仅5分钟，那个德国人就被咬死了。军犬文尔内由于过度狂怒，引发了脑出血，也倒在了亚历山大的脚下，再也没有起来。

之后，军队在处理这个德国人的尸体时，发现其手上缺少了3个指头。经多方查证认定，那个德国人正是当年杀死斯达罗的凶手。

如今，在柏林市郊的一座坟墓里，葬着一只载誉史册的军犬，人们为它立下了一座墓碑，上面刻着"烈犬文尔内之墓"。

四、"老鼠爱大米"

《老鼠爱大米》是一首歌曲，曾经风靡一时，传唱大江南北。歌中唱道："我爱你，爱着你，就像老鼠爱大米。"这里的"我"爱"你"中，表示爱的程度是如醉如痴、死去活来，还是一般的爱，歌词未做明确交代，只是一个劲儿的回答"就像老鼠爱大米"。这里的问题是：老鼠爱大米吗？歌词作者做过调查研究吗？老鼠是啮齿类动物，种类多达1600种，遍布全球。它们的主要特征是：上下颌各有一对特别发达的凿状门齿，没有齿根，能够终生生长，如不磨损，一生可长到半米多长。加之老鼠的咬肌特别发达，必须啮咬硬物，如门齿得不到磨损的话，长到半米长吓人不说，岂不是还给自身制造了一种生存障碍和灾难？！这些暂且不表，还是直奔主题。"老鼠爱大米"里的"老鼠"可能是指大家熟悉的大家鼠或小家鼠，它们的食物是植物性食物，当然也吃大米，但歌曲的主调是"我爱你，爱着你，就像老鼠爱大米"，可不是指的"吃"大米呀！

现实中老鼠爱吃什么呢？爱吃油炸食品，比如油条，对肉类的香味也特别敏感，常因贪吃此类食物被人类所捕获。老鼠对大米如何，笔者做过实验，一般情况下，老鼠对大米毫无兴趣，根本不予理睬，说"老鼠爱大米"就更谈不上了；笔者又以"稻谷"做实验，结果是大不相同。老鼠对稻谷是情有独钟，甚至是趋之若鹜！如果歌曲这样唱："我爱你，爱着你，就像老鼠爱稻谷"，这还符合实际，比较科学。但遗憾的是，歌曲是不会这样唱的，不上口呀！老鼠何以偏爱稻谷呢？道理十分简单——通过啮咬稻壳来磨损它们的门齿，借以抵消其增长来固定其长度。所以老鼠一天24小时，总在持续地啮物磨牙。人们家中的箱柜、书籍、服装等，常被老鼠啮咬成千疮百孔，这一切统统都是老鼠啮物磨牙惹的祸！

大米和稻谷相比，其差异就在稻壳的有无上。无"稻壳"的大米，老鼠不爱；有"稻壳"的稻谷老鼠有情，足见"稻壳"之重要性。由于稻壳是老鼠啮咬的理想对象，所以它不爱大米而更爱稻谷。歌曲之所以风靡一时，那是因歌词的通俗、上口和趣味性使然。

五、"长江女神"——白鳖豚

白鳖豚是鲸目齿鲸亚目淡水鲸科的哺乳动物。体长1.5～2.5米，体重80～250千克。背部淡蓝灰色，腹面和鳍白色，故又叫"白旗"。吻细长成喙状似鸭嘴，鼻孔纵长形开口于头顶偏左侧，孔缘有活瓣。眼、耳高度退化，靠发出超声波的回声定位来识别物体。白鳖豚分布只限于长江中下游河段，以鱼类为食。白鳖豚是我国的特产动物，具有很大的学术价值。白鳖豚是目前地球上现存的四种淡水豚中种群数量最少的一种，被誉为"水中大熊猫"、有"国宝""长江女神"的美称，不仅被列入我国一级保护动物，国际自然与自然资源保护联盟（现世界自然保护联盟）也于1986年将其列入第二批世界最濒危的12种物种名单之中。

白鳖豚的祖先，在四五千万年前曾经生活在陆地上，后来因自然环境的剧变，才迁居水中，属"二次入水"动物。由于长期适应水生环境，身体各部发生了巨大变化，最明显的是前肢变为前鳍，后肢变为尾鳍，但肺呼吸的特征仍保留至今，每隔一两分钟就会将头伸出水面换气。

白鳖豚的繁殖率十分低下，每两年才生育一次，1胎1仔，双胞胎极少。仔豚出生时与其他哺乳动物不同，不是先露头，而是先露尾。否则的话，便被溺死水

中。刚出生的仔豚很小，体重不到1千克，靠其嘴喙咬住母豚的前鳍，每隔几秒钟由母豚带到水面呼吸空气。半月后，仔豚开始尾随母豚活动，一个月后即能独立生活，8～9年才能性成熟。

白鱀豚

白鱀豚由于繁殖潜力低下，在古代时其种群数量就渐趋衰减。晋代文献中有"江中多有之"的记载，清代尚有"江中时有之"的记述，但现代由于人类活动的影响和长江的进一步开发，白鱀豚正遭遇濒临灭绝的境地。特别值得一提的是，80年代中期以后致使白鱀豚非正常死亡有三大因素：一是有害渔具对白鱀豚的杀伤，二是航运业务的发展对白鱀豚的杀伤，三是因白鱀豚冲滩、搁浅未作保护而致死。据中科院武汉水生生物研究所等机构的调查结果显示，1980年已不足400头，1986年下降到了300多头，1990年还有200头，1993年又锐减为150头，1996年仅剩130头。2006年的考察，没有发现白鱀豚，表明白鱀豚可能已经灭绝。而白鱀豚是白鱀豚科唯一现生的代表，白鱀豚的灭绝即哺乳动物中一个科的灭绝。不过，2016年中国长江又有民间爱好者声称，在长江疑似看到白鱀豚。

六、"四不像"——麋鹿

麋鹿和大熊猫一样，是我国特产的世界珍兽，国家一级保护动物。麋鹿因头似马、角似鹿、体似驴、蹄似牛而得名"四不像"。

麋鹿体长肩高，毛色随季节而变化。冬棕灰，夏赤褐。四蹄粗壮，可游泳。在鹿科动物中，一反尾短之常态，麋鹿尾竟长达50厘米，垂及后踝关节。麋鹿性格胆怯温驯，但在繁殖期，雄性之间为争夺配偶会展开激烈相斗。

据专家考证，麋鹿原分布于黄河流域和长江下游的局部地区，后来由于自然生态条件的变化，森林毁灭和人类滥肆捕杀，便越来越少了。到了清朝，仅剩北京南海子（又称南苑）明清皇家猎苑中的一群。那时，猎苑内有富丽堂皇的行宫、园林，皇帝高兴了可随时来这里射杀取乐，而百姓中擅入者则要处死。据传，1865年，法国传教士大卫隔墙窥视到分类学上所没有的这群鹿种，第二年，他从北京猎苑里偷运了两张鹿皮和两具头骨，后经巴黎自然历史博物馆鉴定，确认为一新属新种。于是大卫设法将40多头麋鹿海运至欧洲，并繁殖开来。

国内的麋鹿群，因连遭洪水泛滥伤害和八国联军的战火洗劫，已所剩无几。1894年，英国人将北京皇家猎苑中的最后十几头麋鹿全部带走。从此，麋鹿在我国彻底绝迹。

现在，在我国动物园里见到的少数麋鹿，都是从国外重返故乡的。1982年，我国只有12头。1985年8月12日，英国塔维斯托克侯爵将22头麋鹿送回北京，进行种群复兴。1986年8月14日，世界野生生物基金会（现世界自然基金会）无偿给我国提供了39头麋鹿，从英国运回到它的故乡——江苏大丰县（现大丰市），并建立了大丰麋鹿自然保护区，让其重建种群。至1989年已增至68头，说明麋鹿对当地气候是适应的，这就为它们重返大自然建立种群和完成再风土驯化奠定了基础。

2006年6月16日，江苏省大丰市人民政府在北京举行了"中国麋鹿之乡"新闻发布会，由于当地政府和保护区对麋鹿的有效保护，使得从1986年归来的39头麋鹿发展到一千多头。大丰也因此被中国野生动物保护协会命名为"中国麋鹿之乡"。至此，麋鹿已从国际濒危动物名录中划去，转为了珍稀动物。

为了使麋鹿从人类的庇护下走向大自然，大丰自然保护区将30多头麋鹿分三次放逐到了野外生活。这些野放的麋鹿不但建立了自己的种群，还成功繁殖了后代。

前面提到，1985年英国人塔维斯托克侯爵将22头麋鹿送

麋鹿

大丰麋鹿自然保护区

回北京，散养于南海子。在1991年中国政府在湖北天鹅洲建立了2.3万亩湿地自然保护区，致力恢复野生麋鹿种群。从1993年开始，由北京南海子分三批向天鹅洲保护区放归了近百头麋鹿。这些麋鹿迁来保护区后，逐渐恢复了原来的野性。它们在湿地里追逐，在草丛上觅食，在芦苇中休息，成了一个能自我维持的自然种群。

七、鹿族一瞥

鹿是偶蹄目反刍亚目鹿科的哺乳动物。雄鹿一般具角一对，雌性无角。也有例外情况，如驯鹿雌雄两性均有角，而麝、獐雌雄两性均无角。鹿科动物的角分叉，每年脱换一次。刚长出的新角尚未骨化，外包皮肤、茸毛，且血管丰富，称为鹿茸。以后外皮逐渐干枯脱落，露出骨化的骨角，至翌年2～3月间脱落，重新长出新鹿茸。鹿科动物除麝外，均无胆囊。

长颈鹿　偶蹄目长颈鹿科长颈鹿属的唯一种。属大型有蹄类动物，也是现代世界最高的动物。它的头顶亦有一对骨质短角，也包有毛皮，但不分叉，终生不脱换。长颈鹿体高可达6米，因

长颈鹿

长腿长颈而得名。它分布于非洲的森林草原，以树叶、嫩枝为食。

　　梅花鹿　　偶蹄目鹿科鹿属的一种。夏季毛红棕色，具显著的白色斑点，犹如梅花点点也因而得名；冬季毛变为棕褐色，白色斑点基本消失。臀部有一大块明显白斑，雄角具四个叉。野生梅花鹿现已很少，仅存于安徽少数地区和四川最北部。梅花鹿已列为国家一级保护动物。

　　白唇鹿　　偶蹄目鹿科鹿属的一种。因唇的周围和下颌具醒目的白毛而得名。分布于青藏高原、川西、川北和甘南的高山树林中，为我国特产，其鹿茸亦很名贵，已列为国家一级保护动物。白唇鹿栖于3500～5000米的高山上，极耐风雪、严寒，经常结群活动，主食灌木嫩枝、嫩芽，多在水源附近栖居。白唇鹿为寻找食物常作远距离迁移。

　　麝　　偶蹄目鹿科麝亚科一属。体型较小，重6～15千克。前肢短，后肢长，站立时臀高于肩，常以跳跃姿势前进。雌雄两性均无角，具胆囊。雄性上颌犬齿突出口外，獠牙状，为自卫武器。雄麝腹部肚脐与睾丸之间的正中线上有突出于体表的香腺囊，由香腺和香囊组成。香腺分泌富含水分的乳黄色初香液，储

麝

存于香囊腔内，约经2个月熟化为咖啡色、粉粒状麝香。在交配期，麝香分泌最多，香气浓郁，用以吸引雌性。麝香是名贵的中药材，也是制造香精的原料，因此麝是珍贵的产业兽，为国家二级保护动物。麝常作季节性垂直迁徙，有"七上八下九归巢"之说，即七月上山避暑，八月迁回低地，九月避居于背风温暖地带。近年来，学者将麝从鹿科分离出来，已独立为麝科。我国有四种，即原麝、马麝、黑麝和喜马拉雅麝。

马鹿　偶蹄目鹿科鹿属的一种。大中型鹿类，体重可达200多千克。分布于东北、内蒙古、新疆、青海等地。生活于山林地带，常三五成群活动，性机警，嗅、听觉灵敏，善奔跑。白天出来觅食、活动，以草、嫩枝、树芽为食，喜舔食盐碱。雄鹿平时独居，只在交配期才与雌鹿合群，9～10月间发情交配，雄鹿间相斗异常激烈。雌鹿怀孕8个月，翌年5～6月产仔，每胎1～2仔，鹿仔身上有斑点，一岁后的雄鹿开始长角，3岁性成熟，寿命可达20年。马鹿的鹿茸，质量比不上梅花鹿，但产量大。马鹿为国家二级保护动物。

驼鹿　鹿科鹿属的唯一种。驼鹿是鹿科最大的鹿，体重达500千克。驼鹿体大如驼，其肩部高耸，因略如驼峰而得名。驼鹿分布于我国东北大兴安岭一带，生活于有森林、湖泊的寒冷地区，耐寒怕热，喜欢浸在水中，吃水中植物。黄昏出来活动，性孤独，很少成群，雄鹿身强力壮，逐偶时相斗激烈。雌鹿多在4～5月间产仔，幼仔初生体重达8～12千克，3岁性成熟，寿命可达30年。驼鹿为国家二级保护动物。

狍

狍　偶蹄目鹿科狍属的一种。北方常见的鹿科动物。体重30～40千克，四肢细长，尾短，雄鹿角短，仅分三叉。冬毛灰棕，夏毛红棕，毛质粗脆，臀具一白斑。生活于丘陵疏林地带及混交林中，喜食嫩枝、树叶、树皮和青草，对幼林有一定危害，常遭虎、豹袭击。雌狍4～5月间产仔，每胎1～3仔，幼仔身上具白斑，成长后消失。因狍肉常是一些野味饭店的佳肴，从而导致过量偷猎、野生资源稀少。狍现已列入国家二级保护动物。

麂　鹿科一属。华南地区常见的鹿科动物，体重30～40千克，四肢细长，雄麂角小、仅有一个短支，分为两小叉。麂多栖于山地丘陵的草丛密林中，一般单独活动，早晚出来频繁，行动小心，脚步轻、慢，胆怯怕人。主食植物嫩叶、嫩芽，也盗食农作物。麋皮柔韧，是制造高级皮革的原料，销售国内外。麋皮产于西南、华南一带，但以云南所产麋皮为最多。

我国常见的鹿还有毛冠鹿、驯鹿、豚鹿、坡鹿等，这里不再一一表述。

八、亚洲象与非洲象

笼统地讲，象是地球上最大的陆生动物；确切地说，非洲象才是世界上最大的陆生动物，而亚洲象只能是亚洲最大的陆生动物。

亚洲象分布于亚洲南部，我国西双版纳地区有少量个体，列为国家一级保护动物；非洲象分布于非洲撒哈拉以南地区。二者都是大型有蹄的食草动物，其鼻与上唇愈合延长，形成管状能卷曲的象鼻，故称长鼻动物。二者都皮厚毛稀，四肢粗壮如柱，脚底有很厚的弹性组织垫，上门齿特别发达，突出唇外，通称"象牙"。睾丸终生留在腹腔，所以体外无阴囊。

亚洲象与非洲象有什么区别呢？

首先是个头。成年亚洲象体长为5.5～6.4米，肩高2.5～3.0米；成年非

洲象体长达6.0～7.5米，肩高3.0～4.0米。二者的体重，前者为4000～5000千克，后者为6000～7000千克。其次是外形。二者都有一对扇形的大耳朵，但亚洲象的耳朵比非洲象的耳朵小很多；亚洲象的鼻端上有一个指状肉突，而非洲象则有两个指状肉突；亚洲象的背部稍向上突，是身体的虽高点，而非洲象背部下凹，且头顶额部有一瘤突，成为身体的最高点；亚洲象的前足有5趾，后足具4趾，而非洲象的前足亦有5趾，但后足仅有3趾。第三是在解剖学上，亚洲象有19根肋骨，33节尾椎骨，非洲象则有21根肋骨，26节尾椎骨；亚洲象只有雄性具象牙，而非洲象雄雌两性均具象牙，只不过雌性象牙要短而细罢了。据记载，世上最大的象牙长达350厘米，重达107千克。

关于繁殖状况。无论是亚洲象和非洲象，均无严格的繁殖季节，全年每个月份都有幼象出生。幼象出生半小时即能站立，2天后即能随母象活动，哺乳2～3岁，10岁左右雌象性成熟，12～14岁雄象性成熟。但二者的差异是，亚洲象妊娠期20个月，每胎1仔，初生体重100千克，而非洲象妊娠期22个月，每胎1仔，也有2仔的，初生体重110千克。

另外，亚洲象性情温和，容易驯养，非洲象性情暴躁，较难驯服，它们都以草茎、树枝、树叶、树皮等为食。前者因个小每天食量为150千克，后者因个大每天食量为170千克。二者的寿命也不同，亚洲象为80～100年，而非洲象仅为50～70年。

亚洲象和非洲象都是群栖动物，多以30～50头为一群。平时母象群与雄象群分开活动，只有雌象发情时，雄象才与雌象在一起，母象群是以雌象为首领的"母系社会"，其成员为其姐妹、未成年儿子与未成年和成年女儿。儿子成年后即12～13岁时即被象赶出母象群，加入雄象的"光棍汉"群。

九、熊之"三兄弟"

中国有三种熊，即黑熊、马熊和棕熊，堪称三兄弟。它们的共同特征：体形粗壮，头阔而圆，吻长颈短，四肢强壮，前后足皆具五趾，跖行，爪强；三兄弟视力皆差，全是近视眼，但都能爬树和游泳；它们都是杂食性兽，以植物为主食，常盗食农作物，到玉米地和红薯地往往糟蹋得多吃得少，"狗熊掰棒子，掰一个丢一个"，农民很讨厌它们。三兄弟都是产业兽，经济价值高，三兄弟都是国家二级保护动物。

黑熊 食肉目熊科黑熊属的一种。面部似狗，故又称狗熊。我国南北各地都有分布，但以东北地区为多。黑熊全身黑色，仅胸部有一"V"字形白色条带。黑熊栖息于森林地区，夏天可上至4000多米的高山，10月后北方的黑熊要入洞冬眠，俗称"蹲仓"，翌年4月出眠活动。由于视力差，人称"黑瞎子"。黑熊平时单独活动，交配期才成对生活。夏季交配，孕期7个月，每胎2仔，幼兽月后睁眼，4～5年性成熟，寿命30年。

黑熊

马熊 其分类一直存在不同观点。分布于西北各省及川藏高原，栖息于阔叶林、针叶林或混交林中，是一种林栖动物。马熊毛长，极能耐寒，性也凶猛，除吃植物外，也吃昆虫、蚂蚁，最喜欢吃蜂蜜，还掘食旱獭。

棕熊

棕熊 食肉目熊科熊属的一种。分布于东北北部和内蒙古东部，故又称东北棕熊。体高1米，体长2米。体呈褐色，耳有黑褐色长毛，胸部有一宽白纹。前后肢黑色，食植物嫩枝和果实，也食昆虫，特别是蚁类。有冬眠现象。棕熊力气大，跑得快，在动物园中也易于繁殖。

对于熊类养殖利用工作中存在的问题，我国政府相关主管部门和野生动物保护组织已引起高度重视：对以取胆为目的的养熊者停发"驯养繁殖许可证"；关闭不合法的养殖经营户；对养殖场提出科学饲养、文明取胆的技术规范要求；必须有足够的运动场地和一定的医疗条件，限制笼养时间；达不到技术规范要求和违法经营的必须坚决取缔。经过清理整顿后，逐年减少养殖规模，限制熊胆的药用范围，降低熊胆的消耗量。从而使我国的熊类养殖事业得到良性发展。

十、大熊猫缘何繁殖缓慢

大熊猫体型似熊，但头圆吻短，全身白色，仅眼圈、耳壳、肩部和四肢为黑色，是食肉目中大熊猫科的唯一一种，为我国特产动物、中华国宝、国家一级保护动物，有"活化石"之称，非常珍贵。大熊猫仅产于四川西北部，甘肃南部和陕西秦岭南麓，栖于海拔1400～3500米的原始竹林中，现存约1600头，以竹叶、竹笋等为食。

四川卧龙大熊猫研究中心

大熊猫的繁殖是一个世界难题。它繁殖潜力低下，4～5年才能性成熟，每2～3年才发情配种一次，每胎1仔，虽然有双胞胎现象，但无法成活，最多只能成活1仔。按全世界动物园和自然保护区的统计，大熊猫新生幼仔死多、活少，死亡率高于成活率，加之人为捕捉和猎杀，以及1975年、1983年的两次竹子开花又饿死了300多头，所以野外大熊猫已经元气大伤。

日本专家曾对逝去大熊猫兰兰研究，发现其腹中胎儿虽内脏已发育成型，但生殖器官发育水平很低，致使难以区分雌雄。特别对雄性大熊猫来说，性成熟后其生殖器官往往有缺陷，发育不佳，到了发情期却不发情。雌性大熊猫一般都能按季发情，而雄性发情者却少之又少，发情者仅占雄性大熊猫的十分之一。既然发情者少，配种就成了问题。当然可以采取人工授精加以补救，但雌性大熊猫一年中只有4天时间能受孕，人工很难掌握其准确排卵期，因此难以成功受孕。总之，由于雄性大熊猫难于发情，所以交配率就很低；又由于雌性大熊猫排卵期难于准确掌握，所以受孕率就十分低下。

此外，大熊猫幼仔很难成活。初生的幼仔为晚成兽，全身光裸，只有稀疏的胎毛，双眼紧闭，体重不过百克，比一只老鼠还小，仅为母兽的千分之一。在哺乳类中，除有袋动物外，再没有这种母子相差悬殊的动物了。这种发育不完善的幼仔，在一岁半之内毫无独立生活能力，全靠母兽抚养和照顾。在母兽外出觅食时，极易遭受敌害。总之，幼仔或者因疾病而死，或者因敌害而亡，或者被母兽压死，其死亡率总是高于成活率。

大熊猫天性喜独，从不群居，只在发情期雌雄才共同生活在一起，在短暂的发情期过后，又各奔东西，重新开始独居生活。即使在雌性产仔时节，雄熊也不"光顾"一眼，既是一个薄情郎，又是一个不负责任的父亲。由此可见，大熊猫子孙后代的生存繁衍环境是多么艰辛和严苛。

综上所述，大熊猫交配率低，受孕率低，成活率低，这"三低"加上幼仔只由雌兽一方抚育及食性狭窄，造成了它们繁殖缓慢及濒临灭绝的险恶处境。

十一、如何看待大熊猫吃羊的行为

据四川省野生动物资源调查保护管理站报道，在属高山峡谷地貌的四川盆

地向云贵高原过渡的小凉山区西溪河一带，海拔约2500米，而本区的峨边彝族自治县勒鸟乡两个相距不到2千米的彝族村寨山峰村和甲挖村，曾多次发生被大熊猫捕杀圈养的山羊和绵羊的怪事。

从1990年2月26日到1991年1月9日，一只大熊猫先后12次下山进入上述两村捕食山羊和绵羊，共咬死20只、咬伤6只。它咬死这么多羊中，真正吃掉也不多。但这种远远超过自身食量的猎杀行为，被称为食肉动物的"杀过"行为。这种"杀过"行为是食肉动物的共同特征。更有甚者，如猫头鹰，见了鼠类必定全部杀死方休。

之后，根据对这只吃羊大熊猫的粪便观察分析，结合摄影和录像资料推断，确认这是一只成年雌性个体，体重约80千克，体格强壮，营养状况良好。那么，如何看待这只大熊猫吃羊的行为呢？

众所周知，大熊猫原是食肉目动物，但它并不吃肉，专吃竹子，终生素食，是本目中唯一的一种素食动物。在它们的系统发展史上，大熊猫的祖先都是食肉动物，这已从其牙齿、骨骼和消化系统上得到证实。然而，自然条件的严酷变化和凶猛野兽的频繁出没，以及弱肉强食的丛林法则，使大熊猫处于竞争劣势。经过长期的环境适应和进化，由肉食转变为只吃竹子才使大熊猫幸存了下来。总之一句话，这是自然选择的结果。这只大熊猫之所以吃羊，正是反映了其肉食祖先在食性上出现的一种返祖遗传。因为系统发育决定个体发育，而个体发育又反映系统发育，即反映了其进化发展的历史。这就叫"共性之中有个性，必然之中有偶然"。

十二、中华国宝——金丝猴

金丝猴同大熊猫一样，也是我国独有、全球无二的"中华国宝"，国家一级保护动物。许多国家的研究动物的专业人士，经常不远万里漂洋过海来中国一睹它们的芳容。

金丝猴系灵长目疣猴科哺乳动物，眼睛炯炯有神，周边具白眼圈，头顶中央有黑色冠状毛，颇具特色。金丝猴体被金黄色亮丽柔软的长毛，长毛长度可达23厘米，故名。面孔青蓝色，又雅称蓝面猴。鼻梁小而下塌且鼻孔朝天，所以也叫仰鼻猴，每当下雨时分，它们要么低下头，要么用前肢或长尾甩过来捂住鼻孔，以避免被雨水灌入。

金丝猴体型较为粗壮，公猴身高70～80厘米，母猴60厘米；公猴体重15千克，母猴10千克。它们身后拖着一条长尾巴，其长度竟达60～80厘米，约等于甚至超过自己的体长。金丝猴如从树栖下到地面，须将长尾搭在肩上，才能方便行走。

栖息 金丝猴常生活于海拔1500～3500米的高山密林中，正好与大熊猫相重合。换言之，凡有金丝猴的地方，也常有大熊猫活动，只不过前者树栖、群居，而后者地栖、独居

金丝猴

罢了。二者的生活互不干扰，彼此各得其所。

金丝猴喜寒怕热，有垂直迁徙的习性。夏季到高海拔地区，冬季到低海拔地区，已经成了它们的生活规律。迁徙期间，猴王在前面带路，壮年母猴压后，幼猴夹在中间，并由几只成熟母猴照料。

猴王　金丝猴族群，其个体数目由数十只到数百只不等，全由猴王统帅。说起猴王，它骨骼粗壮、肌肉发达、精力充沛、经验丰富，是历经众多成年公猴数次殊死搏斗的冠军获得者。猴王妻妾成群，威风凛凛。走路时它昂首挺胸，尾巴翘得老高，一派"王者风度"！族群的全体成员必须对它俯首帖耳、毕恭毕敬，不是前呼后拥，就是左右伺候，特别是王后、王妃更要紧挨身旁，随时听候召唤。然而，猴王的生活并不轻松，它要承担保卫族群的重任。猴子们觅食、嬉戏时，猴王要攀缘到树木最高处站岗放哨，观察敌情，并随时报警，率领全群成员逃离。族群中的其他公猴如已成年，要绝对服从和效忠猴王。也有成年公猴有"称霸野心"，欲夺王位宝座，免不了挑战猴王，展开夺权争斗，要么凭实力将老猴王打倒，要么拉出部分猴员另立山头，重新建立独立王国。然而，这两种夺权方式往往是说起来容易做起来难！

金丝猴族群在生活当中都要占据一定面积的地盘，称为"领地"。如遇外族成员入侵，全体猴员在猴王带领下将全力以赴，一致对外，誓死保卫自己的家园，直至把侵略者赶出去！而在族群内部，成员之间则亲情浓郁，和睦融洽。一如母猴常将幼猴依偎在自己身上或者抱在怀中；二如母猴将伺候猴王丈夫视为自己的天职；三如成员之间相互捉虱子、挠痒痒，司空见惯；四如天冷时它们挤在一起彼此取暖。特别值得一提的是，据报道，竟有某些母猴在惨遭猎人捕杀的生死瞬间，还仍不忘抓紧时间给孩子喂上几口奶水，着实让人感动！

金丝猴以树叶、嫩枝、树芽、竹笋、野果等为食，也吃昆虫。它们多在秋季发情、交配，孕期7～8个月，春季产仔，每胎1仔。仔猴毛色暗棕，月后开始逐渐变为金黄色。4岁半性成熟，寿命17～18岁。

金丝猴有三种：普通金丝猴、黔金丝猴和滇金丝猴。前者毛色金黄色，十分亮丽、柔软，主要生活于四川；中者毛为灰色，双肩之间有一块白毛，又称灰金丝猴，主产于贵州；后者毛色深灰近黑色，脸两侧白色，又称黑金丝猴，主产于云南。

金丝猴由于毛色金黄、亮丽、长而质地柔软，是制作高级裘衣的珍贵材料，自古以来就常遭猎人猎杀，加之当今人类对森林的滥加砍伐，也严重破坏了它们的生境及栖息地，现今较大的猴群已经难以见到了。所以保护好中华国宝金丝猴，已成为当务之急。

十三、常温动物缘何恒温

地球的大气温度，上限一般高达60℃，下限可低至－70℃，其变化幅度达130℃。生活在这种剧烈变化环境温度中的动物和人类，其体温应当如何变化？又是怎样保温和调温的呢？

根据体温变化情况和是否恒定，人们将动物分为两大类群：变温动物和常温动物或称恒温动物。

变温动物和常温动物　变温动物包括无脊椎动物和脊椎动物的低等类群鱼、蛙、蛇、鳄类。这些动物由于代谢水平低，所以产热有限，加之没有保温装备和调温机制，必然导致散热快速。产热少而散热快，使这些动物的体温便随外界环境温度的变化而变化，故称变温动物，俗称外温动物、冷血动物。变温动物对其体温没有"生理调节"能力，只能进行"行为调节"：热了，它们躲到荫凉处避暑；冷了，他们爬到阳光下晒太阳取暖。冬季则另辟蹊径，入地冬眠。

蝙蝠

常温动物是指脊椎动物的高等类群鸟类和哺乳类，当然人类也属此范畴。与变温动物相比，常温动物由于代谢水平高，又有强大的产热器官，有的还有羽、毛、皮脂等保温隔热装备，因此产热多而快，散热少而慢。常温动物不仅有极强的"行为调节"能力，如鸟、兽通过筑巢、打洞、迁居，人类通过着装、房舍、空调来适应和改善栖居环境和温度条件。更重要的是，常温动物还有专门的体温调节中枢，能直接进行特有的"生理调节"。通过生理调节机制，常温动物能将产热和散热维持在一个动态平衡的状态，使其体温总是保持恒定，而不受外界环境温度的变化所制约，故名常温动物或恒温动物，又俗称内温动物、热血动物。需要说明的一点，常温动物中有一些少数种类如蜂鸟、夜鹰、蝙蝠、黄鼠、旱獭、猴和熊等，冬季需要休眠，其体温变得很低。为区别其他绝大多数常温动物，将这些少数种类称为异温动物。

体温与调节　常温动物的体温有两种，体壳温度和体核温度。前者指体表温度，体温低而变化大；后者指体内温度，体温高而稳定。我们所说的体温是指生理学上的体温，即体核温度，常以直肠温度为标准。测量体温，动物常以肛门表测得，人类则以腋窝为测量部位。腋窝温度比直肠温度一般低0.3~0.5℃。常温动物的体温，鸟类高于兽类，兽类又高于人类。如山雀44℃，鸡42.5℃，牛38℃，猪39℃，人37℃。

体温是机体代谢活动的结果，换言之，是常温动物和人类通过产热和散热，以及生理调节所体现出来的体核温度。那么，它们是如何产热、散热和进行生理调节的呢？

产热来自体内营养物质的分解氧化，所以营养物质的氧化过程就是产热过程。体内一切组织活动都能产热，但产热最大最强的产热器官是骨骼肌。骨骼肌平时的紧张收缩状态和寒冷时的"打寒战"现象，就是在产热，其所产热量约占机体所产热量的2/3。在运动状态时，骨骼肌所产热量能占到机体总产热量的90%。肝、肾和许多腺体，其氧化过程也较强烈，所以也能产生一定热量。

散热除通过呼吸道和粪尿散发部分外，主要散热器官是皮肤，即通过传导、对流、辐射和蒸发四个物理过程进行皮肤散热，人们称之物理散热。其实，在这四个物理散热过程中，既有皮肤血管流动，又有汗腺分泌活动，还有神经体液调节参与，所以又是事实上的生理散热。传导、对流、辐射这三个物理散热过程的散热率大小，取决于皮肤温度和环境温度的温差：当皮肤温度高于环境温度而温差较大时，上述三种散热才有效；如果皮肤温度低于环境温度，则上述散热完全失效。因为传导和辐射不但不能使皮肤散热，还能使皮肤从环境中获得热量。而对流在气温高和风速小时也难以奏效，这时只能以"汗流浃背"和"挥汗如雨"来进行蒸发散热，即以排汗蒸发达到降温的效果，因为每蒸发1克水需从体内吸收热量580卡。某些缺乏汗腺的动物，如鸡、犬等则通过张口、伸舌呼吸，借口腔黏膜和舌面，以及呼吸道的水分蒸发得以散热降温。

产热与散热的中间联系环节，是位于丘脑下部的体温调节中枢在指挥、调控。当外界气温偏离适温而下降时，体温调节中枢即指挥相关部位多产热少散热，从而扼制体温下降；当外界气温偏离适温而上升时，体温调节中枢又调控相关部位少产热多散热，从而抑制体温上升。

不管外界气温是寒气逼人还是热浪滚滚，常温动物的体温并不因此而上下波动，其总是维持自身的正常固有体温。但必须指出，常温动物和的体温调节毕竟有一定限度，如果外界气温超过了这个限度，体温便会发生波动，甚至引起机体死亡，所以并非在任何外界气温的情况下，体温都会"不偏不倚"。对家养动物而言，我们为其创造适宜的环境温度条件，不仅能满足其生理需要，更能减少饲料消耗，为人类带来更多经济效益。

人
类

一、从"角力型"到"竞智型"社会的历史演变看男女平权时代之到来

笔者有几处关于人类社会发展中的某些个人观点的论述，主要如下。

当今社会，尽管歧视妇女的现象大为减少，妇女地位有了大幅度提高，但事实上的"男女平等"并未真正实现。仅以"家庭主妇"这个流行词而论，女性似乎是家庭的主角并掌管着家庭的一切事务，其实不然。这个主角所做的其实就是家务活，真正掌管家庭事务的仍为男性，社会频频曝光的"家庭暴力"便是这个问题的注脚。所谓"家庭暴力"一般是男性施加于女性而并非相反。如果是女性施加于男性的话，也往往是由于女性常常处于男性暴力恐怖之下而达到极限时的一种激烈反抗，于是留下了悲剧性家庭的一些凄凉故事。当前许多普通女性在就业、升职等诸多社会层面仍然面临着被歧视的现象。因此，一些女学者、女专家常常回答问

男与女

题的一句口头禅就是"男权社会嘛"。显然，歧视妇女的社会根源就出在"男权"的问题上。这里的问题是，"男权社会"何以导致这些现象的发生呢？答案十分简单。"男权社会"是一个"角力型"社会，男女的生存状况由"力"之角逐所决定。男性一般身躯高大，肌肉发达，是"打败天下无敌手"，而女性一般生来就身材矮小、性格柔弱、气力单薄，又要肩负繁衍人口的重担，这就是妇女被歧视的社会根源。

然而，历史在前进，时代在发展，随着社会生产力的飞速向前和科技事业的高度发达，特别是网络时代的到来，"角力型"社会定会土崩瓦解，取而代

之的将是"竞智型"社会的到来。以"力"角逐，当然是"男强女弱"，并且悬殊；而以"智"竞争，不说"阴盛阳衰"，至少可以平分秋色。让我们领略一下社会中不同类型的优秀女性风采：在体育界，大批女运动健将全球瞩目；在知识界，女学者、女专家比比皆是；在政界，女领导人、女将军屡见不鲜，而国外的女总统、女总理在国际政坛叱咤风云，特别值得一提的是中国的历届高考，每年的录取率总是女高男低，男生正在被女生全面超越。在文科院系，女生占了学生的主体，甚至是清一色的"娘子军"，而男生变成了"国宝大熊猫"。在工科院校，过去是"绿叶"满园，"红花"很少，现在是"女生半边天"。尤其令人震惊的是，2012年的高考，江苏、广东、福建、云南等9个省、自治区的文理"状元"，竟然没有一个男生，全部为女生夺得。又据教育部网站发布的一组数据称：2010年全国女硕士首次超过男生，在当年的硕士研究生中，女生占到50.36%，比男生多了近万人。而到了2012年，全国143万余研究生中，女生已比男生多4万人。在连年"女多男少"的考研背景下，某些传统"男多女少"的工科专业，竟然也数年招不到男生。四川大学建筑与环境学院的李伟教授表示，已连续三年没招到一名男研究生了。他带的7名研究生从研一到研三，也都是清一色的娘子军。他为此十分想不通，并抱怨说："男研究生都去哪了？"男生考研分低上不了线，但备受企业青睐，月薪给出七八千；女生寻

职就业普遍难，企业拐弯抹角拒收，而考研分高容易录取。于是，男生去挣钱了，女生来读书了。就这样，男女生就分别去了不同的地方。基于上述这些不争的事实，有学者惊呼："无可奈何花落去，似曾相识燕归来。"他们认为男权下堂、女权升涨已是必然趋势，不可阻挡，由女性全面占据和主导社会权利的"女权时代"就要到来。这里所说的"女权"，不是原始氏族社会的女权，而是现代女权意义上的女权，即女性不但享有与男性一样的平等权利，而且由女性独占和主导整个的社会权利，男性被边缘化并挤压到从属地位。

笔者绝对不同意以上观点，因为"竞智型"社会，"智"之高低，男女基本上是一样的，只不过女性早熟一点而已，决不像"角力型"社会，"力"之大小男女是那样悬殊。"阴盛阳衰"虽然明显显现，但"男强女弱"不会全部退出历史舞台。社会的此个层面是"阴盛阳衰"，而社会的彼个层面可能是"男强女弱"，二者在不同的社会层面中，表现为"互为优势、互为特色"的一种相互交织状态罢了，历届高考和研考的"阴盛阳衰"和寻职就业上的"男强女弱"就是明显的例子。有些单位宁要低分的男性，也不要高分的女生，从而形成"女生遭遇冷落，男士倍受青睐"的局面。这就是高考、研考与寻职就业这两个层面上的"性别剪刀差"。然而，在同一个社会层面的不同地方，这个"性别剪刀差"又往往不复存在，如2013年的广东高考，为了多招男生，女生必须高出男生44分才能被录取，哪怕你高出43分都是枉然！这虽然引起社会一片质疑，但这样做也有其道理：男女性别比率严重失衡，将会招致更多社会问题的发生。总之一句话，不管怎么说，"阴盛阳衰"并没有将"男强女弱"弱化得过于离谱，"男优女劣"在某些层面上将永远不会被逐出社会和历史舞台。

通过上述分析，笔者认为"女权时代"即将到来的观点是站不住脚的，也是不符合社会发展规律的，未来的社会决不会只由女性独掌而将男性边缘化。那么，未来的社会又是什么模样的呢？笔者认为，未来社会只能是男女的真正平等，即"男女平权时代"的真正到来，这是社会的发展规律，是不以人的意志为转移的。在"男女平权时代"，男女不但享有平等权利，在社会职能上也是权力共同行使、共同支撑、共同主导。到了那个时候，笔者可以断言："男女平等""妇女地位""女权主义""性别歧视"等等相关词汇，都将荡然无存。广大同胞尤其是女性同胞，也许正在盼望和期待"男女平权时代"之到来。

二、体察和领略东方女性美

和男性的阳刚之美相比，女性以阴柔之美见长。她们站起来亭亭玉立，躺下去波浪起伏，走起来轻如烟霞。从整体看，东方女性既有苗条美，又不失丰腴美。苗条美以身体颀长、脖颈细长、腰围较小、双腿直长、胸围和臀围中等和肩、臂、臀细腻圆润为特征，在静态上均匀和谐，而动态上又轻盈优雅。丰腴美以肌肉发育良好、体态圆润丰盈、曲线鲜明和性特征突出为特征，其动态婀娜多姿、仪态万方，给人一种成熟感和弹性感。苗条美和丰腴美的有机结合，使东方女性性感倍增、魅力无穷。

容貌美。其实是指体态美和面容美相互搭配所产生的整体美感，只是更加强调面容美罢了。东方女性在整体容貌美之中，无不散发着身体各处的局部容貌美，很值得人们进一步体察和领略。

面容美。蛾眉、明眸、丹唇、皓齿、秀发和鼻子、面颊、耳朵无不流露着东方女性的面容美。蛾眉指眉毛细长、色重、稍高和弯如柳叶。这种眉毛在低蹙和高扬的动态中，既能展示东方女性喜怒哀乐的种种神情，又能折射出东方女性的修养、情怀。所以眉部修饰，早已成为东方女性面部美容的一项重要内容。

眼睛美。眼睛是心灵的信息窗口，通过"眉来眼去"，可以"暗送秋波"，所以在情感交流上，眼睛的细腻、生动而含蓄的表达，颇使语言文字显得逊色。明眸美能充分表现东方女性的心理特点、思维方式和女性的性格风采。眼影、眼线和睫毛的修饰，也更大程度上加强了东方女性的五官美。

丹唇美。以鲜嫩、红艳、厚薄和大小中等，以及轮廓和曲线鲜明为标准。丹唇的开启、内收、紧闭、上翘等，都能表达丰富的情感。以口红、唇膏修饰丹唇，成为女性美容的重要手段。

皓齿美。以牙齿洁白、较小而排列整齐为标准。留心观察谈吐中的东方女性，其皓齿时隐时现，不仅给人一种动态美感，而且与明眸交相呼应，构成一种"明眸皓齿"的鲜明轮廓。

头发美。头发是女性的自然装饰品，其色泽、光润和波浪、发型与头、颈、肩乃至全身搭配，能产生飘逸感、曲线感和波浪感。由于头发具可塑性和选择性，因此女性特别关注秀发修饰。瀑布泻肩的长发让人感到温柔、飘逸、潇洒和充满曲线美。

鼻形美。鼻子是嗅觉器官，以大小、高低适中和直而微向上翘显得美，尤其是与面部其他部位的搭配比例关系，更显得其占有重要地位。隆鼻、缩小鼻翼孔甚至全鼻再造等美容术，正受到当今女性的青睐。

面颊美。以柔嫩、细腻、光滑和鲜艳为标准。由于面部受自主神经支配，不为大脑直接左右，所以面颊的颜色变化才更易流露真情。惧怕时苍白，愤怒

时涨红，羞怯时变为桃红色。面颊美因情感交流而升值，互相亲吻面颊，已成为世人表达友情的社会时尚。

耳朵美。以耳朵大小适中、略为宽厚且耳垂紧贴头部为标准。过大、过小、过厚、过薄和向外张开，都是耳朵美的缺憾。佩戴耳饰、耳环、耳坠与整体美加以协调、配合，显得更具东方女性风采。

面部以外的其他部位如肩、胸、腰、臀等，也是体现和展示东方女性美的重要部位。

肩部美。双肩平稳、圆润、丰满，没有明显的锁骨窝，拐角处不上耸下塌。通过双肩的自然摆动，走起路来颇具女性气质和风采。

胸部美。在女性体态美中占有重要地位。胸部是乳房的所在地，而乳房是展露女性性特征和母性特征的重要器官，因此乳房丰满、坚挺和富有弹性，轮廓鲜明而充满曲线，大小、间距适中，成为胸部美的要素。胸部美是整体美的发散地，涉及全身的轮廓和曲线，所以能影响女性美的整体效果。

臀部美。臀部是女性最性感、最富曲线的部位。臀围与腰围相差30厘米左右，才可构成"肥臀细腰"，从而展现二者连接处的明显曲线，而此处的曲线正是女性曲线美的关键。在时装设计和舞蹈、健美活动中，人们总是有意夸大女性的臀部，其目的就是突出女性的曲线和性感魅力。女性着紧身裤和穿高跟鞋，也正是体现浑圆臀部美的强力手段。

其他部位如玉颈美、腰腹美、后背美、玉臂美、素手美、玉腿美等，也能展示女性美的魅力，这里不再一一列举。

从上可以看出，东方女性美像海浪和旋风一般吸引着人们。中国历史上的"沉鱼落雁，闭月羞花"，就是对西施、王昭君、貂蝉和杨玉环等众多美女的赞誉。古往今来，人们都把女性比作水，因为水是阴柔的，其本质是趋向平缓。尽管有时也会形成瀑布、激流和掀起波浪，甚至山洪暴发，但那是高山、峡谷和狂风所导致，不是水本身所为。怪不得连歌词也这样唱："阿里山的姑娘美如水哟，阿里山的少年壮如山。"在文学作品中，作家则常把女性比作南方，因为南方代表山清水秀、细雨绵绵、湖光旖旎、四季如春。男性对女性美的渴望，真如黑夜对黎明的幻想！历史上多少王公贵族和文官武将曾拜倒在天姿国色的石榴裙下。东方女性以其独特的美与魅力展现在世人面前。

三、"沉鱼落雁""闭月羞花"的传说

"沉鱼"。传说在春秋战国时期，越国美女西施在河边浣纱，其美貌容颜使水中鱼儿流连忘返，不肯离去，并很快纷纷沉入水底。"沉鱼"便是后人对西施的美称。

明清传奇《浣纱记》中的西施形象

"落雁"。汉元帝为防御和安抚北方匈奴，选王昭君与匈奴单于缔结姻缘，化干戈为玉帛。在远赴匈奴的成婚途中，昭君玉手弹琴，那琴声的优美旋律和昭君的美貌容颜，使天空飞雁受到双重吸引和迷醉，竟然纷纷坠地。"落雁"即成为王昭君的代词。

"闭月"。汉献帝时的宠臣王允，有一个歌妓名叫貂蝉。一天晚上，貂蝉在花园拜月，月亮悄悄躲进云中，王允叹曰："貂蝉比月亮更美。"此后，"闭月"便成了貂蝉的别称。

"羞花"。唐朝杨玉环因貌美被选入宫，贵妃与宫女一起赏花时，她手触花草，花草竟合叶卷缩，宫女们惊叹花草自愧不如贵妃美貌。杨玉环则以"羞花"自誉而广为流传。

"沉鱼落雁""闭月羞花"的女性何止千万，女性美颇具一种难以抗拒的魅力。

四、东方女性美缘何升值

东方女性美之所以升值，关键的要素是性感美的悄然登场。所谓性感美，是从男性性心理和审美心理的角度，对女性在性生理特征上所散发的综合美的关照，也是与性刺激和性魅力密切相关而使人们享受到的美的满足，并进一步成为丰富人类精神世界的美好价值追求。由于性感美主要靠后天修养和锻炼获得，所以女性健美、女性化妆、女性美容和女性时装，风靡中国大地。为什么男性望尘莫及，因为他们是性感美的审美主体，而女性的身体美才是性感美的审美对象。性感美越来越成为一种社会时尚，这其实是一种审美价值的进步。性感美的意义就在于，性与美的结合，以及性生理与审美情趣的统一。而性感美所揭示的价值是对性吸引和性冲动不是否定、压抑和扼杀，而是通过引导和升华，把性吸引和性冲动与美的追求相结合，进而将性感美纳入人类美的价值追求的体系之中。女性美随着社会的文明进步不断发展、完善、升值，如果把女性解放的程度作为衡量人类解放的标尺的话，那么女性美及其升值的程度，便是衡量妇女解放及其社会地位提高程度的标尺。如此说来，东方女性美的升值，不正是反映了中国妇女的解放和社会地位提高的程度吗?

东方女性美升值的第二个缘由，可从涉外婚姻看出端倪，许多东方女性跨出国门嫁给西方男士者越来越多，而西方女性被东方男士娶回国门者少之又少。其原因故然与经济因素有关，但并非与东方男性美的失落没有关联。西方男性美似乎正吸引着东方女性，而东方女性美也正为西方男士情有独钟。另外，中国男人普遍不修边幅，穿着随便，形象邋遢；中国女人则注重化妆、打扮和健美，她们往往穿着得体，有型有款，气质文雅，致使当下社会有了这样一种说法："中国男人配不上中国女人！不然的话，为什么有那么多的'中国女神'都嫁给了'老外'呢?"

东方女性美升值的第三个原因，可从中国的历届高考中得到答案。具体情况已在"东方男性美的失落"等文章中提及，这里不多重复，但有人因此而惊呼"女权时代"的到来，认为"无可奈何花落去，似曾相识燕归来"，男权下堂女权升涨将不可避免。本人虽然不赞成这种观点，但把东方女性和东方女性美升值到如此高度，心中却颇感"OK"。

五、"第三只眼"

眼是动物和人类的重要感官，能感光、视物、辨色。无脊椎动物的眼，原始而简单，数目很多，有的可达数十只甚至上百只，还有单眼和复眼之分；脊椎动物和人类的眼，高级、完善、复杂，数目演变为两只，即一对常眼。因此，由多变少是眼在进化过程中的一条规律。

眼睛的形成，简单而言，是由大脑中的间脑两侧外凸形成了视网膜，与外凸相对的皮肤内陷则形成了晶状体，而眼囊周围的结缔组织分化出巩膜、脉络膜、角膜和其他附属结构，这就形成了两个完整的眼球。

在两个眼球形成的同时，间脑的背方顶部还出现了纵向排列的两个突起，即前面的顶体和后面的松果体。顶体和松果体由于具视网膜和晶状体，与常眼结构相类似，能够感光，有的甚至能视物、辨色。顶体和松果体往往只有其中之一有功能，而另一个不是退化就是消失了。如果前面一个有功能便称顶眼，如果后面一个有功能便称松果眼。这就是本文所说的"第三只眼"。脊椎动物和人类都有"第三只眼"，之所以看不到，是因其不在体表而在脑内罢了。

现在就列出充分的证据来证实"第三只眼"的存在：

证据一，在当今新西兰的岛屿上，还生活着一种被称为"活化石"的古老爬行动物——喙头蜥，其头顶的顶间骨中央有一孔，称顶孔。顶孔内有一透明的薄膜，膜下镶嵌着一只具晶状体和视网膜的"第三只眼"，能够感光，十分敏感，被称为顶眼。这顶眼的原形便是顶体。

证据二，生活在我国华北地区的麻蜥，晴天时如在其头顶悬一木棒，每当阳光投射到木棒的阴影落于"顶眼"上方时，它便立即悄然逃开；而当阴影落

在头顶其他部位时，它木然不动。喙头蜥和麻蜥均属爬行动物，说明"顶眼"在爬行类中还残存至今。只不过"顶眼"背部的顶孔已经封闭，而且又覆盖了一层角质鳞片，使"顶眼"在大多数爬行动物中退化为一种痕迹器官了。

证据三，无颌类中的七鳃鳗，已步入脊椎动物的行列，其两只常眼中线的背部中线有单个鼻孔，故称单鼻孔类。而在单鼻孔后方的皮下，也有一只与常眼结构相似且能感光的"第三只眼"，称为松果眼。这只"松果眼"的原型正是松果体。

证据四，解剖生理学家对幼年脊椎动物的松果体组织切片做显微分析，发现其内部含有退化了的视网膜和感光细胞。

证据五，古生物学家从已经灭绝了的古脊椎动物头盖骨上发现了一个空洞，经研究证实是"第三只眼"的眼眶，只不过比两只常眼的眼眶小些罢了。

除上述证据外，我们还可以这样设想：就水生脊椎动物而言，当它们浮在水面而又尚未露出水面时，其头顶的"第三只眼"对观察周围环境的敌情有莫大好处，既隐蔽了自身，又十分方便地看清了敌人。相比较而言，两只常眼就难于进行这种"隐身视物"了。

综上所述，古脊椎动物和古人类原来都有"第三只眼"。但在其漫长演化发展的历史长河中，由于用进废退和常眼发达等原因，"第三只眼"失却了原有功能，或者变为一种痕迹器官，或者演变为一种腺体，或者退化消失了。顶眼除在喙头蜥和某些蜥蜴类动物尚存功能外，其他的爬行动物大都变成了一种痕迹器官，而爬行动物之外的其他脊椎动物和人类都退化消失了。"松果眼"

除无颌类中的七鳃鳗尚具功能外，整个脊椎动物类群和人类都已演变为一种腺体，即松果腺了。

六、定义物种概念的三项指标

物种变还是不变，进化论者与不变论者为此曾展开了长期的不懈斗争，虽然前者早已将后者彻底击垮，但也给分类学与进化论在物种概念上制造了矛盾对立。不变论者认为，物种是千古不变的，不但形体不变，连数量也不变，而

《物种起源》

且具有固定而分明的特征，种间不存在过渡类型，即种间只有间断，没有连续；进化论者认为，物种不是不变的，种间有许多过渡类型存在，即种间只有连续，没有间断。进化论者为了与不变论者做斗争，必然千方百计寻找"变"与"连续"的证据，而证明"变"与"连续"的确凿证据是种间过渡类型，仅"此"才能证明种间连续。重视种间过渡和强调种间连续是当时斗争的需要，但这样一来，由于物种间有许多过渡类型互相连续，必然使物种混淆不清，不可能有固定而分明的特征，从而否定了物种的客观存在。然而在分类学进行具体的物种鉴定工作时，不仅要求物种是客观存在，还必须有固定而分明的特征，而且没有种间连续，只有种间间断，否则就无法着手具体的分类鉴定工作。本来分类学是反映生物进化的系谱，而生物系谱是进化论交给分类学的一项使命，然而在进化论与不变论的长期斗争中，却使分类学与进化论在物种概念上产生了尖锐对立，而与不变论出现了实际上的不谋而合：物种是变的，不是不变的，但变的观点却否认了物种的客观存在，而物种存在又支持了不变的观点。这该如何解释呢？

1.物种概念的现代观点

物种与宇宙万物一样，都是在既变又不变的矛盾中发展演化的，变是绝对的，不变是相对的，变与不变相互依存、互为条件。变又不变是物种的本来面貌，变是进化的事实，不变是分类的事实。马生马，鹿生鹿，这种物生其类的遗传现象反映了不变的一面，但一母生多子、个个不同、代代不同，又真实反映了变的一面。形形色色的物种，彼此生殖隔离、互配而不育，这反映了间断的一面；而追溯其历史渊源，又都是近亲远戚，能找到共同的祖先，这又反映了连续的一面。所以物种概念的现代观点是：物种是既变又不变，既连续又间断，其中充满了对立统一的自然辩证法。

物种概念的具体定义，都以"物种是繁殖单元、物种是进化单元、物种是分类的基本单元"这三项指标来进行表述，从而协调与弥合了分类学与进化论在物种概念上所产生的矛盾。物种是繁殖单元，指同种个体能互配生育产出有繁殖力的后代；物种是进化单元，指物种是生物进化过程中从量变到质变的一个飞跃，或者说物种是生物界发展的连续性与间断性统一的基本间断形式；物种是分类的基本单元，指物种是具有一定形态特征和生理特征，以及占有一定的自然分布区的生物类群。

2.物种概念三种指标的内涵

物种是繁殖单元，早在十七世纪人们就已知晓。生物进化是通过繁殖而体现的，当然这里是指有性生殖的物种。同一物种的个体可以互配生育，产生有繁殖力的后代，不同物种生殖隔离，即杂交不育，纵使以人工方法迫其杂交，也不能产生杂种，即使个别物种能产生杂种，杂种也没有繁殖能力。马和驴的杂种骡，黄牛与牦牛的杂种犏牛，都是证明。总之，物种是繁殖单元早已成为人们的共识。

物种是进化单元，是指任何一个物种在作为祖种进行系统发展中，总是沿着纵横两条道路而展开。纵是时间过程，横是空间过程。纵向发展演化是从简单到复杂，从低级到高级，我们称为阶段发展，横向发展演化是从少量到多量，我们称为分支发展。

纵向阶段发展。物种总是在渐变中发生量变，当量变积累到一定程度时，便发生质的飞跃，这就是质变。质变时物种出现生殖隔离，导致互配不育，从而产生了新种，如此也就完成了一个阶段发展。产生的新种又作为下一个祖种，纵向进行下一个阶段发展，横向进行下一个分支发展，如此周而复始、反复无穷地进行下去。

横向分支发展。指向空间展开进行适应辐射，由于地理条件和生态条件的限制，在渐变中积累量变，导致产生不同的地理亚种或生态亚种。亚种能互配生育，此仍为量变，但量变积累到引起质变时，亚种间产生生殖隔离，这时新种产生，如此就完成了一个分支发展。新种又作为下一个祖种，横向进行下一个分支发展，纵向进行下一个阶段发展，如此周而复始、反复无穷地进行下去。

综上所述，纵向的每一个阶段发展和横向的每一个分支发展，都是由量变到质变的演变过程。量变时可以互配生育，体现连续；质变时出现生殖隔离，产生新种，反映间断。这就清楚地说明了物种是生物进化过程中由量变到质变的一个飞跃，体现了物种是生物界发展的连续性与间断性统一的基本间断形式。

物种是分类的基本单元，之所以加"基本"二字，是因生物分类系统所设立的门、纲、目、科、属、种等分类阶元中，只有"种"这个阶元才是纯客观性的，有固定而分明的形态特征和生理特征，占有一定的自然分布区，是一个繁殖单元，具有相对稳定的明确界限，可以与其他物种相区别。而"种"以上的其他阶元虽然也是分类单元，但不是繁殖单元和分类的基本单元。原因是它们虽有客观性一面，如都是客观存在，是可以划分的实体，但也有主观性一面，如阶元水平及阶元与阶元之间的范围划分都是人为主观确定的，没有统一的客观标准。在每一个分类阶元中，都有其特性和共性，对上一个阶元来说是特性，对下一个阶元来说是共性，这是一个问题的两个方面，所以生物系谱中有层层特性和层层共性。特性反映"分"，反映历史间断，是区分物类的根据，由此可以进行分类；共性反映"合"，反映历史连续，是归合物类的根据，由此可以追溯历史渊源。可见分类学是生物进化的历史总结，而进化论是生物分类的理论基础。

3.定义物种概念要同时表述三项指标

从上分析得知，定义物种概念如仅以"物种是繁殖单元"或"物种是分类的基本单元"来单独表述的话，由于这两项指标均是反映"不变"与"间断"的一面，不能反映"变"与"连续"的一面，体现不出生物进化的历史观点，所以反映不了物种概念的现代观点，也解释不清分类学与进化论在物种概念上所产生的矛盾。同样，如果仅以"物种是进化单元"来单独表述物种概念，虽然能反映物种概念的现代观点和解释分类学与进化论在物种概念上所产生的矛盾，但也不完善。由于生物进化要靠繁殖来完成和分类系谱来体现，没有繁殖就谈不上进化，所以繁殖单元又是进化单元。物种形形色色，都是长期进化的产物，是分类学鉴定和研究的进化成果，所以没有分类系谱便体现不出物种进化。因此，只有同时列出三项指标，物种概念的定义才能表述得完美无缺和无懈可击。

七、说说"试管婴儿"

"试管婴儿"技术是指体外受精和胚胎移植，简称IVF-ET。由于卵子和精子的结合受精是在试管内进行，然后再把胚胎移植到母亲的子宫内孕育成长，直至分娩，所以把这样的婴儿称为"试管婴儿"。

什么情况才可以考虑"试管婴儿"呢？

①如果男性无精子或精子畸形等不适合受精者，可采用其妻子的卵子和他

人的精子，在体外即试管内受精后再注入妻子的子宫内使之受孕。

②如果女性子宫病变造成不孕不育，也可用丈夫的精子和卵子在试管授精后，再移植到另一个女性良好的子宫内发育成长直至婴儿诞生。

③夫妻双方都具有正常的生育条件，但是期待不到受孕机会，也可采用"试管婴儿"技术，获得后代。

④如果女性因输卵管不通畅而造成不育者，可用其丈夫的精子和她人的卵子在试管内受精后，再把胚胎移植到自己的子宫内发育成长。

"试管婴儿"不仅给不孕不育症夫妇带来了福音，由于精、卵通过了选择，所以在优生学上具有重大意义。对于某些丈夫和妻子的精子或卵子有可能带来遗传病或先天性疾病而言，"试管婴儿"这一伟大创举，无疑可以得到彻底排除，还可采用正常的匿名供应者的精子、卵子甚至受精卵，获得正常的后代，从而降低了残疾新生儿的发生率，保证了未来人口的质量。总之，"试管婴儿"技术是人类进化史上的一大奇迹。

全球第一例"试管婴儿"于1978年7月25日在英国剑桥诞生，以后"试管婴儿"技术在欧洲、美洲、澳洲和亚洲逐渐开展。1985年4月我国台湾地区有一例"试管婴儿"诞生，1988年3月10日我国大陆第一例"试管婴儿"在北京大学第三医院诞生。

IVF-ET技术包括如下工作：

一是采用刺激及诱导排卵。其方法所用超排卵药物有氯芪酚胺、人绝经促性腺激素，最后加用人绒毛膜促性腺激素。

二是监测排卵。在估计排卵前5～6天开始进行B超监测卵泡数及其发育情况。结合激素变化注射人绒毛膜促性腺激素，一般在注射后36小时排卵。

三是取卵和找卵。取卵必须在排卵前进行，一般采用腹腔镜下取卵，抽取的卵泡液为淡黄色，内有黏液团，继续抽吸的液体为血性。以后用肝素培养液冲洗并再次抽吸，再在立体显微镜下检查。一般在几分钟内检查完每一管抽取液，在血色背景下很容易发现灰白色的卵子。

　　四是体外受精。把近成熟的卵子培育5～6小时，丈夫以无菌技术取出精液，液化后进行处理以"获能"获得穿透卵子的能力。受精时要求50000个精子对一个卵母细胞。受精后培养约15小时取出卵子，在立体显微镜下检查，如见到两个原核则表明卵已受精。将受精卵移入生长液，约24小时后，可见到受精卵分裂为2—4—8分裂球。

　　五是胚胎移植。在取卵约48小时后，胚胎发育至4个细胞阶段时即可进行移植。手术时将含有胚胎的导管送入子宫腔，距宫底0.5厘米处注入胚胎。取出导管时要注意检查是否将胚胎带出。

　　胚胎移植技术本身并不复杂，但最能影响"试管婴儿"的成功率。如何提高"试管婴儿"的成功率，是摆在当前的一个最突出的问题。

主要参考文献

1．牛乐耕.贝类的性变与繁殖.海洋世界.1998（6）:24-25.

2．牛乐耕.鱼类的四种繁殖方式.大自然.1990（4）.

3．被"禁"26年一朝开闸 河豚即将在国内上市.新华网．http://news.xinhuanet.com/fortune/2016-04/14/c_128891964.htm.2016-04-14.

4.刘明玉，解玉浩，季达明，等.饰纹姬蛙.中国脊椎动物大全.沈阳：辽宁大学出版社.

5.牛乐耕.对生物发光的几点认识.生物学教学.1998（5）.

6.《海洋大辞典》编辑委员会.海蛙.海洋大辞典.沈阳：辽宁人民出版社.

7.牛乐耕.影响鸟蛋大小的制约因素.生物学教学.1993（3）.

8.牛乐耕."鸳鸯配"与"老鼠爱大米".衡水日报.2007-4-17.

9.青少年自然百科探秘编写组.凶恶的"活化石"湾鳄.动物天地.合肥：安徽人民出版社.

10.牛乐耕.东方女性美在升值.学问.2000（2）.

11.牛乐耕.鲜为人知的神秘之眼.科学世界.1996（9）.

12.彭奕欣，魏群，徐向忱，等.响尾蛇.中国中学教育教学百科全书.沈阳:沈阳出版社.

13.牛乐耕.论定义物种概念的三项指标.衡水学院学报.1999（1）.

14.牛乐耕.人类何以男高女矮.生物学教学.1995（7）.

15.刘剑.短尾信天翁.科学之友（上）.2013（4）:51.

16.《中国大百科全书》(第二版).